Уго Маурисио Хименес М.
Сильвия Рози Гомес Д.

Руководство по лабораторной практике в области биотехнологии

AF155423

Уго Маурисио Хименес М.
Сильвия Рози Гомес Д.

Руководство по лабораторной практике в области биотехнологии

Лабораторные руководства по промышленной биотехнологии, экологической биотехнологии и молекулярной биологии

ScienciaScripts

Эта книга является переводом оригинала опубликованного под ISBN 978-620-2-81400-3.

Publisher:
Sciencia Scripts
is a trademark of
International Book Market Service Ltd., member of OmniScriptum Publishing Group
17 Meldrum Street, Beau Bassin 71504, Mauritius
Printed at: see last page
ISBN: 978-620-3-16279-0

Руководство по лабораторной практике в области биотехнологии.

К:

Профессор Уго Маурисио Хименес М.
Микробиолог, М. Сc.

Профессор Сильвия Роза Гомес Д.
Бактериолог, М. Сc.

Ноябрь 2020 года.

Содержание

Презентация

Микробиология как междисциплинарная наука последнего времени, объединяющая биотехнологические достижения в таких областях исследований, как медицина, окружающая среда и промышленность, позволила разработать различные микробиологические продукты, представляющие биотехнологический интерес с точки зрения их применения, такие как биологический контроль, биоремедиация и крупномасштабное производство антибиотиков, вакцин, противораковых препаратов, ферментов, биоинсектицидов и биоудобрений, и другие.

Важно понимать биотехнологию с биологической, экологической и промышленной точек зрения, что будет способствовать развитию научного потенциала у студентов биологических наук.

Аналогичным образом, на нашей планете Земля существует большое биоразнообразие; примерно 15 миллионов видов таксономически классифицированы по основным группам: вирусы, археобактерии, бактерии, грибы, простейшие, водоросли, растения, нематоды, моллюски, ракообразные, насекомые, арахниды, птицы, амфибии, рептилии, рыбы и млекопитающие.

В Колумбии в силу изменчивости ее экосистем, климата, почв и наличия Атлантического и Тихого океанов на ее побережьях существует большое разнообразие птиц, бабочек, орхидей, растений, рептилий, земноводных и приматов, а о микробном разнообразии известно очень мало, поэтому важно проводить исследования, которые приведут к знаниям об этом разнообразии, так как это будет применение микроорганизмов, таких как бактерии и микрогрибы, в биотехнологических целях.

Под биоразведкой понимается поиск таких организмов, как археобактерии, бактерии, грибы, водоросли, растения и животные, приносящие пользу человечеству с медицинской, экологической или агрономической точки зрения.

С разработкой этих Практических руководств для лабораторий биотехнологии, представленных в данном пособии, студенты смогут интегрировать другие области знаний, такие как промышленная и экологическая микробиология, морфология и физиология микроорганизмов, молекулярная биология, биохимия, биофизика и т.д., а также приобретут навыки и умения обращения с лабораторными приборами и оборудованием и манипулирования микроорганизмами, такими как бактерии и микрогрибы, а также развивать когнитивные навыки с помощью методологии обучения - практической деятельности и разрабатывать стратегии преподавания для изучения физиологии и биологии бактерий и микрогрибов, что будет способствовать развитию мировоззренческих и научных знаний, направленных на исследования в области биотехнологии, промышленной микробиологии, экологической микробиологии и молекулярной биологии.

Этот тип когнитивного и мировоззренческого обучения формирует у студентов исследовательские навыки и позитивное отношение, что позволяет развивать интеллектуальное, научное и этическое развитие; этот тип обучения в интегральных формативных исследованиях у студентов будет иметь большой вклад в их будущую профессиональную жизнь.

Настоящее Практическое руководство по лабораторной практике в области биотехнологии содержит 10 Практических руководств, разработанных на основе профессионального опыта авторов и с учетом применения бактерий и микрогрибков, и легко реализуемых с помощью реагентов и оборудования базовой биологической лаборатории.

Эти 10 Практических лабораторных руководств служат научной подготовкой студентов и специалистов в области биологических наук, а также мотивацией для разработки, развития и осуществления исследовательских проектов в области биотехнологии.

Мы надеемся, что данное Руководство по лабораторной практике в области биотехнологии будет вам очень полезно и полезно в вашей исследовательской работе.

Уго Маурисио Хименес М.

Введение

Существует множество определений биотехнологии, и одним из них является определение, данное в Конвенции о биологическом разнообразии (Организация Объединенных Наций, 1992 г.), в котором указывается, что это *"любое технологическое применение, в котором биологические системы и живые организмы или их производные используются для создания или модификации продуктов или процессов для конкретных видов применения"*, которая называется "Современная биотехнология", но которая осуществляется тысячи лет, например, процессы ферментации микроорганизмами для производства таких продуктов питания, как пиво, вино, хлеб, сыр, йогурт и т.д., которые сгруппированы в "Традиционной биотехнологии" (Occelli, 2013).

Как видно, с самого начала биотехнология присутствовала на протяжении всей истории человечества, оказывая социальное, экологическое и экономическое воздействие, и до сих пор является составной частью культуры XXI века. В Колумбии Национальная программа по биотехнологии способствует *"повышению уровня развития, благосостояния и экономической конкурентоспособности на основе знаний, защиты и использования"* (Minciencias, 2020).

Таким образом, каждый организм обладает биотехнологическим потенциалом, оказывающим влияние, в частности, на сельскохозяйственную, экологическую, медицинскую и промышленную сферы. Кроме того, биотехнология как междисциплинарная наука способствует пониманию современного содержания дисциплин, связанных с биологическим разнообразием, а также укреплению и развитию научных, мировоззренческих, процедурных, оценочных и метакогнитивных компетенций.

Цель "Руководства по лабораторной практике в области биотехнологии" заключается в создании культуры исследований в области биотехнологии путем демонстрации простых в использовании методик, использующих бактерии и микрогрибки. Она содержит 10 практических лабораторных руководств, которые состоят из: введения, целей, материалов и реагентов, методологии, вопросника и библиографии.

Мы считаем, что этот материал будет способствовать не только научной подготовке студентов и специалистов, но и мотивации к разработке, развитию и реализации научно-исследовательских проектов в различных областях биотехнологии.

В области промышленной биотехнологии, Практические лабораторные руководства: Производство *уксусной* кислоты бактериями *Acetobacter* sp и *Gluconobacter* sp, Кислотно-молочное брожение: Производство йогуртов и Алкогольное брожение: Виноделие, Скрининг *в витре* по клетчаткам из *Penicillium aurantiogriseum*, Тесты по производству амилазы *в витре* с *Aspergillus fumigatus*, позволят читателю познакомиться, узнать и применить микроорганизмы, представляющие интерес для ферментации и производства энзимов.
В области экологической биотехнологии Практические лабораторные руководства:

Биоанализ биодеградации сырой нефти с помощью *флуоресцентов Pseudomonas,* Антагонистический потенциал *Trichoderma harzianum,* Биоудобрения для улучшения роста и развития сои, будут стимулировать читателя к знанию и ознакомлению с темами, связанными с биоремедиацией, биологическим контролем и биоудобрениями.

В области молекулярной биологии Практические лабораторные руководства: Извлечение ядерной ДНК из *Saccharomyces cerevisiae* и Извлечение плазмидной ДНК из *Pseudomonas fluorescens* позволят читателю познакомиться с методами извлечения ДНК из микроорганизмов.

Поэтому нашей главной целью настоящего Руководства по лабораторной практике в области биотехнологии является создание культуры исследований в области биотехнологии путем демонстрации методологий путем применения бактерий и микрогрибков, которые легко поддаются проведению и могут быть перенесены в различные области исследований.

Библиография

Минси. Национальная программа по биотехнологии Колхенсии. 2020 http://www.colciencias.gov.co/node/1 133

Организация Объединенных Наций. 1992. *Конвенция о биологическом разнообразии.* Рио-де-Жанейро-Бразилия: Организация Объединенных Наций. Имеется по адресу: http://www.cbd.int/convention/articles/?a=cbd-02.

Окчелли, М. 2013. Преподавание биотехнологии в школе: вклад и дидактические размышления. Журнал "Биологический вестник" № 27 - год 7 с. 9-13.

Производство *уксусной* кислоты *ацетобактериями* sp и *глюконобактер* sp.

По: Уго Маурисио Хименес М.

Введение

Уксусная кислота, также называемая этаноиновой кислотой или метиленкарбоновой кислотой, является органической кислотой с двумя атомами углерода, и может быть найдена в виде ацетат-иона. Ее формула - CH3-COOH (C2H4O2), и именно карбоксильная группа придает молекуле ее кислые свойства. Это кислота, содержащаяся в уксусе, которая имеет кислый вкус и запах (Speight, James G. 2002).

Уксусная кислота производится путем ферментации различных субстратов, таких как крахмальный раствор, сахарные растворы, или алкогольные пищевые продукты, такие как вино или сидр, с помощью бактерий уксусной кислоты. Эта уксусная кислота получается путем синтеза и бактериального брожения и обеспечивает 10% мирового производства. 75%, полученных в химической промышленности, получают путем карбонизации метанолом (Speight, James G. 2002).

Уксусные кислотные бактерии естественным образом присутствуют в винограде, они выдерживают условия виноделия и достигают созревания вина при активном обмене веществ. Эти бактерии являются крупными производителями уксусной кислоты и ацетальдегида, повышают летучую кислотность вина и нуждаются в кислороде для роста; процессы, которые насыщают вино кислородом, благоприятствуют росту и метаболизму этих бактерий (Эрнандес, I & f. Barbero 2008).

Бактерии уксусной кислоты проводят ацефикацию ферментированных продуктов за счет их способности окислять спирт до уксусной кислоты. Эти бактерии играют важную роль в винодельческой промышленности, поскольку они могут изменять органолептические характеристики и качество вина путем окисления этилового спирта до уксусной кислоты.

Уксусные кислотные бактерии (ВАА) относятся к семейству *ацетобактерий;* они входят в группу a-Proteobacteria. Это грамотрицательные, эллипсоидальные или цилиндрические микроорганизмы, которые могут быть обнаружены изолированными, парами или образующими цепи. Они подвижны по полярной или пертрической флагелляции. Они обладают положительной каталазной активностью, отрицательной оксидазой и не образуют эндоспоров. Они используют кислород в качестве конечного акцептора электронов, поэтому у них строгий аэробный метаболизм, а кислород - в качестве конечного акцептора электронов (Gerard, L. 2015).

Окисление этанола до уксусной кислоты является наиболее известной характеристикой бактерий уксусной кислоты. Этот биохимический процесс состоит из двух этапов: на первом этапе этанол превращается в ацетальдегид дегидрогеназой ферментного спирта (ADH), а затем ацетальдегид превращается в уксусную кислоту дегидрогеназой фермента ацетальдегида (ALDH) (Gerard, L. 2015).

Некоторые бактерии могут производить высокие концентрации уксусной кислоты, до 50 г/л (Gerard, L. 2015), эта характеристика очень важна для уксусной промышленности.

Роды бактерий *уксусной* кислоты, таких как *ацетобактер, глюконобактер и глюконацетобактер*, могут быть использованы для развития культуры окисления алкогольных муссов, полученных из фруктов, с целью получения уксусной кислоты (Gerard, L. 2015). На промышленном уровне бактерии уксусной кислоты имеют промышленное значение в производстве уксуса (уксусная кислота).

Превращение ананасового сока в уксусную кислоту - это биотехнологический процесс, который происходит посредством двух последовательных ферментаций: алкогольной и уксусной.

При спиртовом брожении дрожжи Saccharomyces *cerevisiae* превращают сахарозу в этанол, анаэробный процесс, более эффективный благодаря биохимическим характеристикам ананаса. Затем бактерии *Acetobacter* sp и *Gluconobacter* sp окисляют этанол и производят уксусную кислоту, в результате аэробного процесса.

Согласно данным General Microbiology, 2008-2009, цитируемым Bernal, C & L. Cortes, 2010), существуют и другие методы производства уксусной кислоты:

Метод Орлеана: осуществляется путем заполнения четверти деревянной бочки, используемой для созревания вина, свежим уксусом, полученным путем ферментации *Acetobacter* sp и *Gluconobacter* sp, который обеспечивает свежий закваска, затем добавляется ферментированный алкогольный напиток, контейнер остается открытым, так что происходит обмен кислорода, процесс занимает несколько недель, а эффективность зависит от наличия кислорода.

Метод пузырькового брожения: Это процесс погружной ферментации, при котором кислород подается с помощью процесса пузырькового брожения воздуха. Скорость добавления этанола регулируется, что позволяет эффективно переходить на уксус, достигая производства 98%.

Некоторые применения уксусной кислоты в соответствии с www.ecured.cu/Acido_acetico:

* Используется как приправа
* Используется в производстве эфиров или эссенций.
* Цветной фиксатор
* Растворитель
* Сырье в получении ацетона, ацетатов, аспирина и других производных
* В пчеловодстве используется для контроля личинок и яиц восковой моли.
* Производство ацетата натрия и как антибиотическое экстрагирующее средство.

- Как бактерицид.
- Нейтрализатор и в процессах окрашивания в текстильной и кожевенной промышленности.
- В качестве подкисляющего вещества и для приготовления фруктовых эфиров в пищевой промышленности.
- Инсектицидный ингредиент.

Цели

- Выполните Ферментацию для получения этанола из сброженного ананасового сока с использованием *дрожжей Saccharomyces cerevisiae*

- Наблюдайте за производством этанола *Saccharomyces cerevisiae.*

- Выполните ферментацию для производства уксусной кислоты из сброженного ананасового сока с использованием бактерий *Acetobacter* sp и *Gluconobacter* sp

- Обратите внимание на производство уксусной кислоты компаниями *Acetobacter* sp и *Gluconobacter* sp.

- Развивать навыки обращения с лабораторными приборами

Материалы, реагенты и оборудование.

- Активные дрожжи: *Saccharomyces cerevisiae.*

- Чистые культуры *ацетобактера* sp и *глюконобактера* sp

- Вода дистиллируется стерильно.
- Asa
- Темные банки.
- Сукроза.
- pH-лента.
- Ананасовый сок.
- Шкала.
- Алкотестер.
- пробка или марля и хлопок

Методика

производства

этанола:

1. В темные бутылки добавить литр ананасового сока, затем добавить 5 г активных дрожжей левапана и 10 г сахарозы, хорошо встряхнуть, накрыть пробкой (или марлей и ватной палочкой) и оставить при средней температуре 20 °C на 7 дней.

2. Через 7 дней поместите 1000 мл культуры в пробирку объемом 1000 мл и измерьте процентное содержание этанола спиртометром. Если производство

этанола низкое, оставьте еще 7 дней и снова измерьте процентное содержание этанола.

3. Каждый раз, когда вы выполняете шаг 2, делайте соответствующую дегустацию, букет и текстуру ликера.

Производство уксусной кислоты:

1. В темные бутылки объемом в один литр, где проводилось спиртовое брожение (получение этанола), добавить 10 мл посевного материала* бактерий *Acetobacter* sp и *Gluconobacter* sp, хорошо встряхнуть, накрыть пробкой (или марлей и ватной палочкой) и оставить при средней температуре 20°C на 7 дней.

*Эту прививку получают добавлением 5 мл стерильной дистиллированной воды в свежих культурах соответственно *Acetobacter* sp и *Gluconobacter* sp в наклонных пробирках с выпуском Nutritional Agar с круглой ручкой.

2. По истечении 7 дней поместите pH-измерение с помощью pH-ленты и сообщите результат.

3. Проведите соответствующую дегустацию, если у него есть уксусный вкус, результат будет положительным.

Анкета

1. Объясните метаболический путь производства этанола через гликолиз.

2. Объясните метаболический путь окисления этанола для производства уксусной

кислоты.

3. Это биопроцесс для производства уксусной кислоты в больших или малых масштабах? Объясни, почему.

4. Как будет расширяться Биопроцесс для производства уксусной кислоты?

5. См. научное название 10 бактерий, связанных с производством уксусной кислоты.

Библиография

- Синди Бернал, Лина Кортес, 2010.
Изоляция, характеристика и сохранение кислот - уксусных бактерий из традиционных ферментированных продуктов. Работа в классе. Кафедра биологии - УПН. Колумбия.

- Синди Бернал, Лина Кортес, Уго Маурисио Хименес М. 2011.
Изоляция, характеристика и сохранение кислот - уксусных бактерий из традиционных ферментированных продуктов в качестве педагогического средства. БИО-ГРАФИКА. Том 4, № 7-2011, стр. 108-111. 2027 - 1034.

- Джерард, Л. 2015. Характеристика бактерий уксусной кислоты для производства фруктового уксуса. Докторская диссертация Национального университета Entre Rios и Политехнического университета Валенсии. Имеется по адресу: https://riunet.upv.es/bitstream/handle/10251/59401/GERARD. Дата обзора: 06/03/2019.

- Эрнандес, я и Ф. Барберо, 2008. Уксусные бактерии: методы обнаружения и устранения.
Доступно по адресу
: http://www.guserbiot.com/pdf/Guserbiot_Viticultura_Bacterias_Aceticas.pdf
Дата обзора: 07/03/2019.

- Общая микробиология. 2008 - 2009. Исследовательская группа по генетике и микробиологии: http://www.unavarra.es/genmic/hall/docencia.htm, цитируется Синди Бернал, Лина Кортес, 2010.

- Спит, Джеймс Г. 2002. Руководство по химическим процессам и проектированию. McGraw-Hill цитируется по адресу: Acetic Acid: Available at: www.ecured.cu/Acido_acetico. Дата рассмотрения: 05/03/2019.

Кислотно-молочное брожение: производство йогурта

По: Уго Маурисио Хименес М.

Введение

Йогурт - очень старая еда. Первые следы его существования относятся к периоду между 10 000 и 5 000 годами до н.э., в эпоху неолита.

Происхождение йогурта находится в Турции, хотя есть и те, кто находит его на Балканском полуострове, в Болгарии или в Средней Азии. Его название происходит от болгарского термина, iaurt. Считается, что его потребление предшествовало началу сельского хозяйства.

Кочевые народы перевозили свежее молоко, полученное от животных, в мешках, обычно из козьих шкур. Тепло и контакт молока с козлиной кожей способствуют размножению кислых бактерий, которые ферментируют молоко. Молоко превратилось в полутвердую свернутую массу. После употребления молочного фермента, содержащегося в этих мешках, они пополнялись свежим молоком, которое вновь превращалось в ферментированное молоко за счет оставшихся остатков.

Йогурт стал основным продуктом питания кочевых народов благодаря простоте транспортировки и консервации. Его здоровые добродетели были известны еще в древности.

Йогурт является формой модифицированного кислотного молока, для его приготовления можно использовать не только коровье, но и козье и овечье молоко, цельное, частичное или полностью обезжиренное, предварительно вареное или пастеризованное.

Вид молока, используемого для его приготовления, зависит от места его производства и потребления. В Центральной, Северной и Южной Америке, а также в Западной Европе предпочтение и производство основано на коровьем молоке; в Турции и Восточной Европе - на козьем молоке, а в Египте и Индии - на буйволовом молоке.

Сегодня йогурт широко признан как здоровая пища. Производители отреагировали на рост потребления йогурта, введя много различных видов йогурта, в том числе с низким содержанием жира и 0%, сливочный, жидкий для питья, органический, детский, фруктовый и мороженое. Основные ингредиенты и их производство практически идентичны:

- Сначала сырое молоко транспортируется с фермы на фабрику, где оно будет переработано.
- Когда молоко поступает на завод, его состав изменяется до того, как из него делают йогурт. Затем молоко стандартизируется по сухому экстракту, пастеризуется (при 80 °C) и гомогенизируется.
- После завершения процессов пастеризации и гомогенизации молоко необходимо охладить до 43-46 °C и добавить культуру брожения в

концентрации около 2 %. Культуры состоят из двух молочнокислых бактерий: *Streptococcus thermophilus* и *Lactobacillus delbrueckii subsp. bulgaricus* и *Lactococcus lactis.* Эти бактерии ферментируют свою консистенцию, вкус, аромат и полезность для здоровья, а также облегчают пищеварение.

- После охлаждения можно добавлять фрукты, сахар и другие ингредиенты для получения широкого ассортимента продукции, после чего йогурт упаковывается.
- Наконец, продукт охлаждается и хранится при температуре охлаждения (4 °C) для консервации.

Виды йогурта:

- В взбитом йогурте молоко ферментируется в бродильной камере с покрытием. После ферментации содержимое перемешивают, добавляют фрукты и ароматы. После этого разрешается охлаждать, а продукты упаковываются и хранятся при температуре охлаждения.
- В фирменном йогурте, также известном как французский стиль, молоко прививается ферментами, а другие ингредиенты (фруктовый препарат, сахар, ароматы) добавляются перед упаковкой. Процесс ферментации происходит в контейнерах во время инкубационного периода, после охлаждения и хранения продукта при температуре охлаждения.
- Жидкий йогурт - это отбитый йогурт с низким общим содержанием твердых частиц, который подвергается процессу гомогенизации для снижения его вязкости. Затем можно добавлять подсластители, ароматизаторы или красители, и, наконец, продукт упаковывается в бутылки.

Во время молочного брожения (производства йогурта) молочный сахар (лактоза) сначала превращается в простые сахара, а именно в глюкозу и галактозу, а затем в молочную кислоту, что обеспечивает кислотность (pH 4,5), которая осаждает белки (казеины) и концентрирует молоко, придавая йогурту особую текстуру, создавая тем самым особую текстуру, кроме того, в процессе молочного брожения вырабатываются пептиды, аминокислоты, придающие йогурту характерный вкус.

Питательный состав йогурта основан на питательном составе молока, из которого он производится. Окончательный состав определяется источником и типом сухого молока, добавляемого перед брожением, молочного брожения и штаммов бактерий, используемых в процессе брожения, температурой, продолжительностью процесса брожения, временем хранения, а также ингредиентами (например, фруктами), которые могут быть добавлены в йогурт.

13

Преимущества йогурта: он является источником белка и молочного жира, благодаря процессу ферментации бактерий, лактоза также ферментируется, что означает, что люди, не переносящие лактозу, могут употреблять йогурт. Кроме того, он богат кальцием и некоторыми витаминами группы В. Он также полезен для иммунной системы, так как помогает бороться с инфекцией и уменьшает негативное воздействие антибиотиков. Кроме того, он стабилизирует кишечную флору и все микроорганизмы пищеварительной системы. Он способствует усвоению жиров, поэтому является союзником против лишнего веса, полезен для кожи и борется с поносом и запорами, а также облегчает усвоение питательных веществ и снижает уровень холестерина.

Цели

- Провести кислотно-молочное брожение из молока, используя культуру *Lactobacillus bulgaricus*, *Lactococcus lactis* и *Streptococcus thermophilus*.

- Получить способность анализировать молочную ферментацию.

- Развивать навыки обращения с лабораторными приборами

- Потенциальные когнитивные навыки.

Материалы, реагенты и оборудование.

- 1 литр молока.
- Термометр.
- Порошковое молоко.
- Большая ложка.
- Йогурт без конфет (культура).
- Фрукты или варенье.
- Пластиковые чашки.
- Холодильник.

Общий процесс производства йогурта:

1. Выбор молока: молоко должно быть с высоким содержанием белка.

2. Пастеризация: цель - концентрация сывороточных белков, идеальная температура от 88 °С до 95 °С в течение 5-10 минут.

3. Концентрация: добавляется порошковое молоко, которое растворяется в теплом молоке, а затем добавляется йогурт.

4. Культура: состоит из кисломолочных бактерий: *Lactobacillus bulgaricus* и *Lactococcus lactis*. Культура инкубируется в течение 2 часов при температуре 44 °С.

5. Посев: после пастеризации молоко охлаждают, а урожай хорошо встряхивают в пропорции 3%.

6. Упаковка: посеяно в пластиковых стаканчиках и покрыто винипелем.

7. Инкубация: инкубируется при температуре 42 °С.

8. Препарат для приготовления йогурта: фрукты или джемы добавляются после инкубации.

9. Консервация: оставить в холодильнике при температуре 4 °С.

Методика

1. Вскипятите 1 литр молока и охладите до 60°С.

2.   Добавьте 3 столовые ложки сухого молока, перемешайте и охладите до 42 °C.

3.   Добавьте 3 столовые ложки простого йогурта (*Lactobacillus bulgaricus* и *Lactococcus lactis* культура) и смешайте.

4.   Добавьте фрукты или варенье.

5.   Подавать в пластиковых бутылках.

6.   Инкубируйте при 44 °C в течение 4 часов.

7.   Охладите при 4 °C.

8.   Вкус, через 12 часов после охлаждения.

Анкета

1. Объясните метаболический путь производства молочной кислоты через гликолиз.

2. См. научное название 3 других бактерий, используемых в производстве йогурта.

3. Как бы Вы выполнили масштабирование Bioprocess для промышленного производства йогуртов?

4. Консалтинговые компании, занимающиеся производством йогурта в Колумбии.

Библиография

-   Лосада, к. 2000. Руководство по промышленной микробиологической лаборатории. Андский университет. Факультет науки. Отдел биологических наук. Колумбия.

Киберграфия

- Что такое йогурт, доступно по адресу: https://ww-w.yogurtinnutrition.com/es/que-es-el-yogur-FAQs/Дата редактирования: 12/03/2019.

- Йогурт, доступен по адресу: https://www.zonadiet.com/bebidas/yogurt.htm. Дата обзора: 12/03/2019.

- Йогурт, доступен по адресу https://es.wikipedia.Org/wiki/Yogur#cite_note-monografia-7. Дата пересмотра: 12/03/2019.

- Натуральный йогурт, доступен по адресу https://biotrendies.com/lacteos/yogur-natural. Редакция: 12/03/2019.

Алкогольное брожение: Производство вина.

По: Уго Маурисио Хименес М.

Введение

История

Выращивание виноградной лозы (*Vitis vinifera sylvestris*) и производство напитков из винограда (в виде соков с добавленными сахарами) уже осуществлялось около 6000 и 5000 лет до н.э., но только в Бронзовом веке (3000 лет до н.э.) реальное рождение вина, по оценкам, произошло. Археологи нашли подсказки, устанавливающие происхождение первого урожая вина в Шумере, в плодородных землях Тигра и Евфрата в древней Месопотамии.

Из Шумера она дошла до Египта, где соперничала с пивом, которое варилось в Древнем Египте (3000 г. до н.э.). Берега Нила были землями виноградарства, и в объемах, выделенных этим растениям, развивалась вся трудовая и производственная деятельность. Египтяне ферментировали сусло в больших глиняных сосудах и производили красное вино. Вино стало символом социального статуса и использовалось в религиозных обрядах и языческих празднествах. Фараоны были похоронены с глиняными сосудами, содержащими вино, а на пирамидах были найдены гравюры, символизирующие выращивание винограда, сбор, производство и наслаждение вином на праздниках и религиозных мероприятиях.

Приспосабливаемость виноградной лозы (*Vitis vinifera*) благоприятствовала ее распространению по всей Западной Европе через торговые пути, вплоть до Китая. Считается, что виноградная лоза достигла Пиренейского полуострова до финикийцев около 3000 г. до н.э.

В 700 году до н.э. вино поступает в процесс экспансии в классическую Грецию. Греки пили вино во время религиозных обрядов, похорон и народных гуляний, а также приписывали вину божество: Диониса, который всегда представлен с бокалом в руке. Для хранения вина греки создали контейнеры различных размеров: большие *амфоры,* которые были запечатаны сосновой смолой; *кратеры* средних размеров; маленькие *аоинодже* и *ритоны.*

Производство вина:

Вид вина в основном определяется сортом винограда, его вторичные метаболиты являются источником аромата, цвета и вкуса вина. Их концентрация зависит от сорт, микроклимат и виноградное растение. Виноградная лоза требует низкого азотного питания. Избыток азотных удобрений может быть отрицательным для вкусовых компонентов вина (Wyss, G & Bon van Elzakker, 2005).

По данным Международного винного кампуса, частью процесса производства вина является

23

-Сбор винограда: это сбор винограда, например, в Испании он производится в период с сентября по октябрь. Кроме того, когда собирается виноград, он должен показать соответствующее состояние спелости, чтобы извлечь из него лучшее качество.

- **Дестеммирование:** в этом процессе виноград отделяется от остальной части гроздья, при этом цель состоит в том, чтобы отделить виноград от ветвей и/или листьев, так как они обеспечивают вкус и аромат, которые являются горькими для производства вина.

- **Дробление:** виноград проходит через протектор машины, чтобы сломать кожуру винограда, называется *кожурой,* так что сок извлекается, чтобы облегчить следующий шаг, но он не должен быть раздавлен слишком много, чтобы избежать ломать семена винограда, которые принесут горечь вина.

- **Мацерация** и **брожение:** Выжимаемый сок выдерживается при контролируемой температуре в течение нескольких дней, что позволяет ему ферментироваться и таким образом приобретать требуемый цвет. В этих емкостях и через собственные дрожжи процесс алкогольного брожения начинается с того момента, как сахар в винограде превращается в этиловый спирт. Этот процесс длится в зависимости от типа вина и должен проходить при температуре не выше 29°C.

- **Прессование:** так как твердый продукт брожения все еще содержит большое количество вина после *девальвации* (действие, состоящее в отделении вина от твердых частей винограда), оно прессуется для извлечения жидкости.

- **Малолактическое брожение:** вино, полученное на предыдущих этапах, проходит новый процесс брожения. Этот процесс снижает кислотность вина и делает его более приятным для питья.

- Выдержка: процесс созревания, выдержки или старения является одним из самых важных моментов при производстве вина. При этом вино вводится в бочках, чтобы оно приобрело ароматические характеристики, которые можно отличить во время дегустации. В бочках вино эволюционирует и развивается. Пока вино созревает в бочках, выполняются две дополнительные задачи по удалению примесей и осадков, например, *стеллажи и* осветление.

- **Бутилирование:** вино эволюционирует и усваивает кислород, вводимый в бутылку.

Алкогольное брожение - это процесс, при котором дрожжи, в данном случае *Saccharomyces cerevisiae,* производят этанол из источника углерода, причем наиболее широко используются глюкоза, фруктоза и сахароза в условиях низкой оксигенации, средней температуры 20 °C и отсутствия света (Хименес, Н. 2013).

Алкогольные напитки могут быть изготовлены из различных субстратов, таких как соки из различных фруктов, обогащенные сахарозой, посредством процесса мелкомасштабного брожения. Во время процесса необходимо стандартизировать время, так как в течение длительного времени этанол превращается в уксусную кислоту, вызывая кислотность и повреждая текстуру и вкус ликёра (Хименес, Н. 2013).

Дрожжи *Saccharomyces cerevisiae, как правило*, осмофильны, т. е. устойчивы к высоким концентрациям сахара и толерантны к высоким концентрациям этанола, около 20 %.

Именно, одним из ограничений биопроцесса является высокая концентрация этанола. В настоящее время путем улучшения штамма получают дрожжи, устойчивые к этанолу в концентрации выше 20%. Другим ограничением является pH, значения ниже 3,5 снижают производство этанола, поэтому важно не использовать в этих процессах кислые плоды. Высокая концентрация сахаров снижает эффективность ферментации, аэрация увеличивает дыхание дрожжевых клеток и направляет процесс производства этанола на неферментативный вегетативный рост.

Жидкое биотопливо, такое как биоэтанол, который является основным производным ферментации сахарного тростника, обычно считается устойчивым решением энергетических и экологических проблем (Jie et al, 2012).

В биопроцессах для производства биоэтанола отложение осадка начинается с порционной ферментации, затем подается на загрузку, затем поступает на опытную установку и после стандартизации поступает на коммерческую ферментацию (500.000 литров).

Цели

- Выполните алкогольное брожение с различных субстратов (фруктовых соков) с помощью дрожжей *Saccharomyces cerevisiae.*

- Получить способность анализировать алкогольное брожение.

- Развивать навыки обращения с лабораторными приборами
- Потенциализация когнитивных и научных навыков.

Материалы, реагенты и оборудование

- Активные дрожжи *(Saccharomyces cerevisicie).*
- Темные банки.
- Сукроза.
- pH-лента.
- Ананасовый сок.
- Шкала.
- Алкотестер.
- пробка или марля и хлопок

Методика

1. В темные банки добавить литр фруктового сока пифии или красного винограда, затем добавить 5 г активных дрожжей левапана и две ложки сахара (сахарозы), хорошо встряхнуть, накрыть пробкой (или марлей и хлопком) и оставить при

средней температуре 20°C на 7 дней.

2. Через 7 дней поместите 1000 мл культуры в пробирку объемом 1000 мл и измерьте процентное содержание этанола спиртометром. Если производство этанола низкое, оставьте еще 7 дней и снова измерьте процентное содержание этанола.

3. Каждый раз, когда вы выполняете шаг 2, делайте соответствующую дегустацию, букет и текстуру ликера.

Анкета

1. Объясните метаболический путь производства этанола через гликолиз.

2. Объясните важность этанола.

3. Как бы вы осуществляли процесс производства биоэтанола в биологическом масштабе?

4. Консалтинговые компании, занимающиеся производством вина и биоэтанола в Колумбии.

Библиография.

- Цзе Сунь, Фэй Вэнь, Тонг Си, Цзянь-Хэ Сюй и Чжао Хуэйминь, 2012 г. Прямое преобразование ксилана в этанол от Минигемицеллюлозных штаммов, отображающих разработанный рекомбинантный Saccharomyces cerevisiae.
Прикладная и энвироментальная микробиология. 78 (11): 3837 - 3845.

- Хименес, Н.М. 2013. Руководство Индустриальной биотехнологической лаборатории. Диплом по биотехнологии (I). Национальный педагогический университет. Факультет науки и технологии. Кафедра биологии. Колумбия.

Киберграфия

- История вин: https://www.vinoseleccion.com/saber-de-vinos/historia-del-vino Дата пересмотра: 15/03/2019.

- Вайсс, G & Bon van Elzakker, 2005. Производство винограда и виноделие. Информация "Органический
HACCP" Доступно по адресу:http://orgprints.Org/4928/l/14 YINO.pdf Дата пересмотра:
15/03/2019.

Извлечение ядерной ДНК из *Saccharomyces cerevisiae*

По: Сильвия Р. Гомес Д.

Введение

Дрожжи *Saccharomyces cerevisiae* одноклеточные, овальной формы, без жгутиков, принадлежат к Kingdom Fungi и являются одним из основных модельных организмов для понимания клеточных и молекулярных процессов в эукариотах. В настоящее время его воздействие выходит за рамки производства продуктов питания и напитков (хлеба, пива и вина); он используется в качестве пищевой добавки для увеличения веса и роста птиц, крупного рогатого скота и свиней, а также в производстве биотоплива (Васкес *и др.*, 2016 г.).ДНК (дезоксирибонуклеиновая кислота) - это наследственный материал, присутствующий во всех живых существах и содержащий основные инструкции по развитию и функционированию всех форм жизни, С химической точки зрения это двухниточная молекула, образованная объединением нуклеотидов (азотистое основание, пентгоза и фосфатная группа по фосфодезерным связям (между гидроксильной группой (ОН) в 3' углерода нуклеотида и фосфатной группой (Р04=) в 5' углерода входящего нуклеотида), отвечающая за ДНК и РНК-страдку. Пряди ДНК связаны для формирования цепи через водородные мосты, которые связывают азотистые основания; тиамин, гуанин, аденин и цитозин, см. рис. 1. Эта модель была предложена Ватсоном, Криком и Уилкинсом в 1953 г. и известна как "модель двойной спирали"; она была опубликована в журнале Nature и описывает то, что сегодня известно под названием B-DNA. Эти исследователи основывали свое предложение на рентгеновских дифракционных исследованиях, о которых сообщал Р. Франклин (Claros, 2003) Гаплоидный ген *S. cerevisiae* небольшой, компактный, с примерно 13 392 кб (исключая митохондрии, плазмиды и РНК-вирусы) Mb и организованный в 16 хромосом размером от 220 кб для хромосомы 1 до 2352 кб для хромосомы XII (Madigan, M., и др., 2010). На первый взгляд, наиболее поразительным в геноме является то, что 72% его составляют гены, что оставляет очень мало места для некодирования ДНК и других функциональных элементов (Dujon, B. 1996). Извлечение ДНК является одним из старейших методов, которые были проведены в области молекулярной биологии и восходит к 1869 году, когда Мишер впервые изолировал его от гноя бинта, который использовался у госпитализированных пациентов. После простого лечения он обнаружил, что они состоят из одного, очень однородного, небелкового химического вещества, которое он назвал нуклеотидом (богатые фосфором вещества, расположенные исключительно в ядре клетки) (Claros,2003

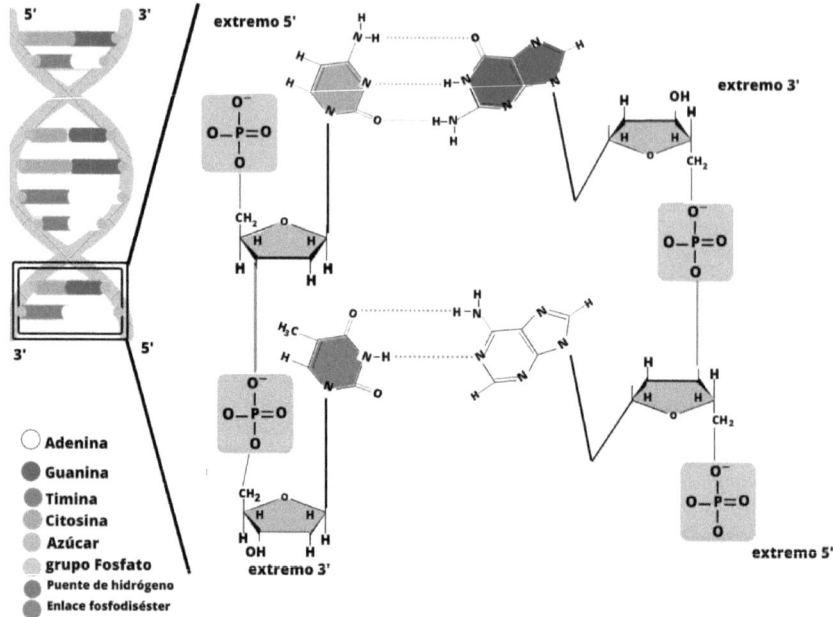

Adenina
Guanina
Timina
Citosina
Azúcar
grupo Fosfato
Puente de hidrógeno
Enlace fosfodiséster

Рисунок **1.** Структура ДНК

Для выделения ДНК из других клеточных компонентов, таких как белки, углеводы, липиды и РНК, обычно используются одни и те же этапы во всех организмах с некоторыми вариациями в физическом (мацерация, температура, центрифугирование) и химическом (соль, моющее средство, ферменты, этанол, ЭДТА, Трис и т.д.) методах в зависимости от степени чистоты, необходимой для дальнейших процедур, количества требуемой ДНК, количества доступного образца и типа образца.

Ниже перечислены этапы:

1) Гомогенизация и/или концентрация образца: при первой процедуре разрушаются ткани, которые находятся внутри раствора и механическим способом с использованием пестика и

Элементы, такие как песок или жидкий азот, разрушают клетки; а со вторым, путем центрифугирования, концентрируются клетки, которые повторно суспендируются в жидкой среде.

2) Клеточный лизис: состоит из разрыва ядерной мембраны, клетки и/или клеточной стенки без деградации нуклеиновых кислот, содержащихся внутри клетки. Используется раствор лизиса, который состоит из ЭДТА (предотвращает деградацию ДНК, поскольку улавливает присутствующие ионы магния), TRIS pH 8.0, (поддерживает pH раствора), соль (фрагменты клетки) и моющее средство, такое как CTAB, SDS, Triton X-100 или Sarkosly (разрушает липидный барьер, растворяя белки и прерывая взаимодействие липид-липид, липид-протеин и белок-белок, благодаря своей особой структуре).

3)   Удаление загрязнений: Это отделение нуклеиновых кислот от других клеточных компонентов (белков, липидов и углеводов). В зависимости от качества получаемой ДНК могут использоваться высокие концентрации солей, ферментов (мясных отбивок или k-протеинов) или органических растворителей (фенола или хлороформа: 24:1 изоамильного спирта).

4)   Осаждение ДНК: для этой цели используется изопропанол или 96% холодный этанол, что позволяет осаждать ДНК, когда она находится в присутствии солей. Это происходит за счет взаимодействия положительных зарядов натрия, диссоциированного с раствором NaCl, с отрицательными зарядами ДНК, даваемыми фосфатными группами. Затем остатки соли удаляются 70% холодным спиртом.

Цели

- Выполните извлечение ядерной ДНК из дрожжей *Saccharomyces cerevisiae* с использованием

разные протоколы.

- Потенциализация когнитивных, социальных и вербальных навыков.

- Развивать навыки обращения с лабораторными приборами
- Понимать процесс получения ДНК с учетом различных применяемых физических и химических методов.

Материалы, реагенты и оборудование для первого протокола

- Дрожжи: *Saccharomyces cerevisiae*
Микроцентрифуга - инкубатор
  - Эппендорфский стеллаж для труб.
  - 1,5 мл Трубы Эппендорфа
  - Бумажные полотенца.
  - 1000 микропипетов
  - Голубые советы для микропипеток
  - Стерильная вода
  - 70% холодный этанол

- изопропанол 100% холодный
- Маркер тонкого наконечника для трубок
- нитриловые перчатки
- Защитные очки
- Лабораторное пальто
- Совпадения
- Лед
- ацетат калия (KAc) 5M (pH 4.8)
- YPED жидкая культуральная среда (дрожжевой экстракт 1%, пептон 2%, глюкоза 2%).
- Ру
жная
ванн
а -
Мик
роск
оп
- Скользящие и обложки
- Раствор лизиса клеточной стенки (1M раствор сорбита, 0.1M ЭДТА, (pH 5), с 50 Единицами (U) фермента Бета-глюкоронидаза (Сигма-Альдрих)
- Решение с 50 мМ Трис-HCl, 20 мМ ЭДТА (pH 7.4)
- SDS на 10%.
- Встряхивающая плита
- TE (Tris-EDTA pH 7.4)

Материалы и реагенты для второго протокола (самодельные)

- 1 стакан 500 моих
- 2 x 50 миль соколиная трубка с крышкой
- 1 раствор со своим пестиком
- 1 нагревательная плита или плита
- Трубной зажим
- 5 граммов сухих дрожжей.
- Лизинговый раствор (10 миль H2O и 1 гр моющего средства)
- 0,8 г соли обыкновенной
- 0,5 гр мясного отбивателя
- 30 мил. этанола или 96% спирта
- Вода для стакана.
Методика

Первый протокол: взят из Осорио-Кадавида, Эстебан; Рамирес, Маурисио; Лопес Вильям Андрес и Мамбускай Лус Адриана (2009)

1. Дайте дрожжевым культурам расти в течение 16 часов в перемешивании (120 об/мин) или до тех пор, пока не будет получено более 100 миллионов клеток/мл при 28°C, в 5 милях YPED (дрожжевой экстракт 1%, пептон 2%, глюкоза 2%).

2. Соберите ячейки путем центрифугирования в трубке Эппендорфа при 8000 об/мин в течение 5 мин.

3. Выбросить супернатант и ресуспендировать в 0.5 mi раствор 1M сорбита, 0.1M ЭДТА, (pH 5), содержащий 50 Единиц (U) фермента Бета-глюкоронидазы (Сигма- Олдрич).

4. Затем инкубировать в водяной бане при температуре 37 °C в течение 60 минут и периодически встряхивать (иногда контролировать потерю клеточной стенки, помещая клетки в дистиллированную воду и проверяя уменьшение плотности клеток под оптическим микроскопом).

5. Центрифугировать сферопласты при 8000 об/мин в течение 10 мин и повторно суспендировать осадок в 0,5 мил. 50 мМ Трис-HCl, 20 мМ ЭДТА (pH 7,4).

6. Затем добавьте 50 таблеток 10% SDS и инкубируйте в водяной бане при 65°C в течение 30 минут.

7. После этого добавьте 0,2 мил ацетата калия (KAc) 5M (pH 4,8) и повторите суспендирование, как минимум, на 30 сек. Тогда оставь его на льду на 30 минут.

8. Затем центрифугируйте при 14000 об/мин в течение 5 минут и перенесите супернатант в другую трубку.

9. Снова центрифугируйте в течение 5 минут для удаления других примесей и переноса супернатанта в другую трубку.

10. Добавьте 1 мл 100% холодного изопропанола и инкубируйте при комнатной температуре в течение 5 минут, аккуратно встряхивая трубку.

11. Центрифуга при 14000 об/мин в течение 10 минут и выбрасывайте супернатант.
12. Добавьте 0,5 мл 70% холодного этанола и центрифугу при 14000 об/мин в течение 5 мин.

13. Сбросьте супернатант и дайте осадку высохнуть при комнатной температуре.

14. И, наконец, повторно взвесьте ДНК в 50 пластинках TE (Tris-EDTA pH 7.4) или дистиллированной воде. Образцы хранятся при температуре -20 °C до дальнейшего использования.

Второй протокол: домашняя процедура

1. Возьмите стакан с 300 миль воды и поместите его на плиту или отопительную плиту и дайте ему закипеть.

2. Между тем, мацерируйте, хорошо гомогенизируя в растворе 5 г дрожжей с раствором лизиса (10 мл дистиллированной воды и 1 г моющего средства).

3. Добавьте содержимое тюбика для сокола объемом 50 мл и поместите его в стакан с кипящей водой (bain-marie) на 30 минут. Смешивайте содержимое трубки каждые 2 минуты, переворачивая ее и удерживайте пинцетом.

4. По истечении времени снимите трубку и дайте ей остыть.

5. Затем добавьте 0,5 г отбеливателя мяса и осторожно перемешайте путем погружения.

6. Затем добавьте 0,8 г соли и осторожно перемешайте путем погружения.

7. Аккуратно перенести все содержимое в новую 50-метровую трубку для сокола.

8. Наконец, медленно добавьте три объема (в три раза больше объема образца, найденного в пробирке) этанола или 96% холодного спирта к стенкам пробирки и подождите, пока ДНК станет очевидной.

Анкета

1. Объясните, почему моющее средство производит лизис клеток?

2. Какое влияние оказывает фермент бета-глюкоронидаза на процедуру экстракции ДНК?

3. Какова цель соли при извлечении ДНК?

4. Как действует отбеливатель мяса в камере?

5. Что такое употребление 100% и 70% холодного алкоголя?

Библиография

- Мадиган, М., Мартинко, Дж., Паркер, Брок Дж. (2010) Брок, Биология микроорганизмов. 10-е издание. Прентис Холл.

- Конечно, Гонсало. (2003). Исторический подход к молекулярной биологии через ее протагонистов, концепции и фундаментальную терминологию. *Panace@*, 4(12), 168-179. Получено с сайта http://www.medtrad.org/pana.htm.

- Куртис, Эйч и Барнс, Н. Сью. 2000. Биология. Panamerican Medical Ed. 6-е издание. Мадрид Испания.

- Дужон, Б. (1996). Проект дрожжевого генома: что мы выжали? *Тенденции Джене*. 12: 263-270.

- Осорио, Е.; Рамирес, М; Лопес В. и Мамбускай, L (2009) Стандартизация простого протокола извлечения геномной ДНК из дрожжей Ревиста Коломбиана де биотекнология, том XI, núm. 1, julio, 2009, pp. 125-131 Национальный университет Колумбии Богота, Колумбия

- Васкес Х. А., Рамирес К. М. и Монсалве З. I. 2016. Обновление молекулярной характеристики дрожжей 129 Rev. Биотехнология. Том XVIII № 2 129-139

Скрининг на целлюлазу *в пробирке* от *аурантиогреза Пенициллиума.*

По: Уго Маурисио Хименес М.

Введение

Грибы обладают огромным потенциалом для производства различных химических соединений, имеющих важное значение для человечества, либо с медицинской, агрономической, промышленной или экологической точки зрения, использование грибов и/или их продуктов связано с технологическими процессами их применения в промышленности или охране окружающей среды (Jiménez, H., 2020).

Примером тому является производство ферментов, которые являются биологическими катализаторами высокой эффективности и специфичности к субстрату, достигают скорости реакции в 10^3 и 10^7 раз быстрее, чем некатализируемые реакции, как это происходит в случае целлюлаз, которые являются гликозилгидролазами, и используют два механизма гидролиза гликозидной связи целлюлозы, встречающейся в основном в древесине, растительных остатках, таких как листовая подстилка и ветви деревьев.

Леса в основном состоят из трех структурных полимеров: лигнина, целлюлозы и гемицеллюлозы. Лигнин устойчив к физической и химической деградации, так же как и целлюлозные волокна, которые встроены в матрикс гемицеллюлозы и лигнина, что затрудняет их деградацию. Грибы *Phylum Basidiomycota, Ascomycota, Glomeromycota и Neocallimastigomycota* производят большое количество и разнообразие внеклеточных ферментов для деградации древесины и растительных остатков с высоким содержанием линогоцеллюлозы.

Целлюлоза является самым распространенным компонентом, который существует на Земле, она производится растениями, составляющими часть их клеточной стенки, целлюлоза является одним из самых используемых материалов с древних времен, и в настоящее время она является источником органического топлива, химических соединений, волокон и материалов, необходимых для удовлетворения потребностей человека, таких как бумага, целлюлоза, древесина и т.д. По оценкам, ежегодно заводы производят около 180 миллиардов тонн целлюлозы, что делает ее одним из важнейших возобновляемых источников углерода на Земле (Martinez, C., и др., 2008).

Целлюлоза - линейный полимер, состоящий из остатков глюкозы, соединенных связями В (1-4), через которые они связываются с молекулами целлобиоза, дисахарид, состоящий из двух остатков глюкозы.

В связи с непоколебимой природой целлюлозы некоторые организмы, такие как бактерии и грибы, вырабатывают необходимые для ее использования ферменты (Béguin & Aubert, 1994). Были выявлены две важные группы, обладающие целлюлозными возможностями. Первая - анаэробная группа,

29

которая включает в себя бактериальные и грибковые виды, обитающие в сточных водах, а также в рубеже и кишечном тракте травоядных животных и некоторых насекомых, таких как жуки и термиты (Cazemier et al., 2003; Warnecke et al., 2007).

Примерами бактерий, принадлежащих к этой группе, среди прочих, являются роды *Clostridium* и *Ruminococcus*. В то время как некоторые идентифицированные грибки *Anaeromyces mucronatus, Caecomyces communis, Cyllamyces aberencis, Neocallimcistix frontalis, Orpinomyces sp. и Piromyces* Sp. (Doi, 2007; Teunissen & Op den Camp, 1993). Вторая группа включает аэробные почвенные виды, особенно в лесах, такие как *Cellulomonas* (Elberson et al., 2000) и *Streptomyces* (Alani et al., 2008), а также древесные гнилостные грибы-базидиомы (Baldrian & Valaskova, 2008; Martinez et al., 2005). Гниль белой древесины в 96% случаев осуществляется грибами семейства *Polyporaceae, такими* как *Panus, Polyporus, Pycnoporus и Trametes* (Martínez et al., 2005), ссылки на которые приведены в работе Martínez, C., et al., 2008.

Концепция использования целлюлозы в качестве сырья для производства сахаров, которые могут быть биоконвертированы в топливо путем использования микроорганизмов, в последние годы вновь приобрела большое значение в связи с высокими ценами на нефть (Sun & Cheng, 2002, цит. по Martínez, C., et al, 2008).

Основной задачей промышленности и биотехнологии в производстве биотоплива, такого как биоэтанол, является биоконверсия целлюлозы, поэтому целлюлазы приобрели большое значение в этих процессах (Martínez, C., и др., 2008).

Ферментативное действие при гидролизе целлюлозы связано с последовательным действием и синергией группы целлюлаз, имеющих различные сайты связывания, в связи со сложной природой молекулы целлюлозы. Типичная система целлюлазы включает в себя три типа ферментов: эндо-P-l,4-глюканаза (Cx) (1,4-P-D-глюкана глюканогидролаза E.C.3.2.1.4), экзо-P-1,4-глюканаза (Cl) (1,4-P-D-глюканаза E.C.3)..2.1.91) и P-l,4-глюкозидаза (целлобиазе) (Cb) (P-D-глюкозидная гликогидролаза E.C.3.2.1.21) (Hahn-Hagerdal & Palmqvist 2000, цитируется по Chacon, O. & k, Waliszewski, 2005).

Остатки сельскохозяйственной продукции богаты целлюлозой, гемицеллюлозой и лигнином; они могут быть использованы в качестве субстратов для выращивания нитевидных грибов, способных вырабатывать внеклеточные ферменты с целлюлазной активностью, имеющие важное промышленное применение, например, гидролиз лигноцеллюлозной биомассы для производства этанола (Rodríguez, I. и Pifieros, Y. 2007).

Биоспирт - это топливо растительного происхождения, обладающее характеристиками, схожими с ископаемыми видами топлива, что позволяет использовать его в слегка модифицированных двигателях. Кроме того, биотопливо не содержит серы, которая является одной из причин выпадения кислотных дождей. Биоэтанол может быть произведен из любого органического сырья, содержащего значительное количество сахаров (Ballesteros, M. 2006, цитируется Paredes Medina и др., 2010).
Целлюлазы используются для разложения целлюлитных соединений, таких как багасса, и для получения ферментирующих сахаров, таких как глюкоза, для получения биоэтанола. Эти технологии уже применяются в Колумбии.

Цели

- Для проведения *in vitro* биоанализа с целью выявления производства целлюлазы микрогрибом *Penicillium aurantiogriseum*.

- Приобрести навыки сборки биопроб *в пробирке*.

- Развивать навыки обращения с лабораторными приборами

- Потенциальные научные когнитивные навыки.

Материалы, реагенты и оборудование

- Микрогрибковый *пенициллиевый аурантиогрей*.
- Эрленмейер
- Дистиллированная вода.
- Картофель Декстроза Агар Культура Медиа (КПК).
- Культурная среда для амилолитиков.
-Алюминиевая бумага.
- Бумага.
- Маскировочная лента.
- Автоклав.
- Камера ламинарного потока.
- Чашки Петри.
- Ручка микрогрибка.
- Луголь
- Инкубатор.

Методика

Подготовка картофеля Декстроза Агар Культура Медиа (КПК)

Объем культурной среды PDA для каждой чашки петри составляет 25 мл, поэтому необходимо произвести соответствующие расчеты с бутылки Oxoid Potato Dextrose Agar, взвесить

31

Количество, добавить его в Erlenmeyer с необходимым объемом дистиллированной воды, покрыть алюминиевой фольгой и укрепить с бумагой и маскировочной лентой, стерилизовать в автоклаве вместе с чашкой Петри, после стерилизации служить культурой среды в чашке Петри в ламинарной камере потока.

Подготовка носителей целлюлитной культуры (МКК)

Объем носителя целлюлозной культуры (CCM) для каждой чашки петри составляет 25 мл, поэтому необходимо произвести соответствующие расчеты из г/л состава CCM: Микрокристаллическая целлюлоза (мерк) 5 г, NH_4NO_3 1 г, солевой раствор (NaCl 5%) 10 мл, агар - агар 20 г, дистиллированная вода 1000 мл, взвесьте это количество, добавьте его в Эрленмейер с необходимым объемом дистиллированной воды, крышку с алюминиевой фольгой и укрепить с бумагой и ленты маскировки, стерилизовать в автоклаве вместе с чашкой Петри, как только стерилизация закончится служить культуры среды в чашке Петри в ламинарной камере потока.

Активация *аурантиогреза пенициллиума*

Из штамма *пенициллиевого аурантиогрея* посеять фрагмент микрогрибка в центре чашки Петри с питательной средой PDA и оставить его при комнатной температуре на 7 дней.

Биопробы скрининга целлюлазных клеток.

Из чашки Петри с *аурантиогрезеем Пенициллиума* посеять фрагмент его в центре чашки Петри с целлюлозной культурой Медиум (CCM) и оставить его при комнатной температуре на 7 дней, затем добавить над культурой красный конго, через 15 минут наблюдать и измерить линейкой желтый ореол вокруг посевной культуры.

Анкета.

1. Почему вы видите желтый ореол вокруг посадки микрогриба, когда добавляете Congo Red?

2. Почему добавление Congo Red в среду целлюлозной культуры (МКК) приводит к красноватой окраске?

3. См. другие тесты на ферменты.

4. См. другие микроорганизмы, используемые для производства целлюлазы.
5. Как бы процесс биоскалирования для производства целлюлаз *Пенициллиума аурантиогризеума*

Библиография.

- Чакон, О. и К., Валишевский, 2005. Коммерческие препараты целлюлазы и их применение в добывающих процессах. Университет и наука. Влажные тропики. 21 (42) стр. 111-120. Имеется по адресу: http://era.ujat.mx/index.php/rera/article/viewFile/337/273. Дата обзора: 26/03/2019.

Ссылка в данной статье:

Хан-Хагердаль В, Палмквист Е (2000) Ферментация лигноцеллюлозных гидролизатов. II: Ингибиторы и механизмы ингибирования. Технология биоресурсов. 74: 25-33.

- Кутюрье М и др. 2011. *Podospora anserina* hemicellulases потенцируют *Trichoderma reesei* secretóme для осахаривания лигноцеллюлозной биомассы. Яблоко. Микробиол. 77: 237 - 246.

- Хименес, Х.М., 2020. Семинар по грибной биологии. Национальный педагогический университет. Кафедра биологии. Колумбия.

- Ж.-Ж., Беррин, Наварро, Д., Кутюрье, М. и Л., Мессен, 2012. Исследование природного грибкового разнообразия тропических и темперирующих лесов в целях улучшения конверсии биомассы. Яблоко. Микробиол. 78 (18): 6483 - 6490.

- Мартинес, К, Балькасар, Е., Дантан, Е и Й. Л. Фольх-Малло. 2008. Грибковые целлюлазы: биологические аспекты и применение в энергетике. Латиноамериканский журнал микробиологии. Том 50. 3 и 4. стр. 119 -131. Имеется на вебсайте http://www.medigraphic.com/pdfs/lamicro/mi-2008/mi08-3_4i.pdf Дата проведения обзора: 26/03/2019.

Ссылки, приведенные в этой статье:

- Алани, Ф., Андерсон, У. и Му-Янг, М. 2008. Новый изолят Стрептомиц Сп. с новыми термощелочными целлюлазами. Биотехнология Летт. 30, 123-126.

Беген, П. и Обер, Ж.-П. 1994. Биологическая деградация целлюлозы. ФЭМС Микробиол Rev. 13, 25-58.

Бальдриан, П. и Валаскова, В. 2008. Деградация целлюлозно-базидиомицетного фунги. FEMS Микробиол Rev. Epub перед печатью, doi: 10.111 1/j.1574- 6976.2008.00106.x.

Каземьер, А.Э., Ердо, Ж.К., Рубсает, Ф.А., Хакштейн, Ж.Х., Ван дер Дрифт, Лагерь С. & Op den, H.J. 2003. Promi-cromonospora pachnodae sp. nov., член целлюлолозно-затылочной флоры личинок жука-скарабеяPachnoda marginata. Антони Ван Леувенхук. 83, 135-48.

Дой, Р. Х. 2007. Келлулазы мезофильных микроорганизмов: производители целлюлозных и нецеллюлозных микроорганизмов. Дои 0:14190021

Мартинес, А. Т., Сперанса, М., Руис-Дуэньяс, Ф. Х., Феррейра, П., Камареро, С., Гильен, Ф., Мартинес, М. Х., Гутиеррес, А. и дель Рио, Х. С. 2005. Биодеградация лигноцеллюлозных: микробные, химические и ферментативные аспекты грибкового приступа офлигнина. 8, 195-204.

Сун, И. и Ченг, Дж. 2002. Гидролиз лигноцеллюлозных материалов для производства этанола: обзор. Биорезур Технол. 83, 1-11

Teunissen, M. J. & Op den Camp, H. J. 1993. Анаэробные грибки и их целлюлолитические и ксиланолитические ферменты. AntonieVan Leeuwenhoek. 63, 63-76. Вамеке, Ф., Лугинбул, П., Иванова, Н., Гассемьян, М., Ричардсон, Т. Х., Стеге, Ж. Т., Каюетт, М., МакХарди, А.К., Джорджевич, Г., Абушади, Н. и др. 2007.

Метагеномика и функциональный анализ задней микробиоты древесного кормящего высшего термита. Природа. 450, 560-5.

- Паредес Медина, Альварес Нуфьес и М. Сильва Ордопьес. 2010. Получение ферментов целлюлазы путем твердой ферментации грибов для использования в процессе получения биоспирта из остатков банановых ферм. Технологический журнал ЭСПОЛ - РТЭ, Ел. 23, N. 1, 81-88.

Ссылка в данной статье:

Баллестерос, М. 2006, "Carburantes sin petróleo: Bioetanol", ISSN 0210-136X, No. 362, 2006. стр. 78-85.

- Родригес, И. и Пиньерос, Y. 2007. "Производство целлюлозно-ферментативных комплексов методом твердофазного культивирования *Trichoderma sp.* на пустых пучках масличных пальм в качестве субстрата", Agrifood Resources Use Group, Food Engineering Program, Университет Хорхе Тадео Лозано, Богота, Колумбия.

Испытания на производство амилазы *в пробирке* с *Aspergillus fumigatus*

По: Уго Маурисио Хименес М.

Введение

Крахмал является полукристаллическим полимером глюкозы, который в природе изобилует и получается в основном из кукурузы, пшеницы, риса и картофеля. Если он происходит от клубня, то его обычно называют крахмалом (картофельный крахмал); если он происходит от зерна, то от крахмала. Свойства крахмала варьируются в зависимости от продукта, из которого он извлекается, и сорта (Castells, P. 2009).

Крахмал представляет собой перевариваемый комплексный углевод (полисахарид) из группы глюканов. Состоит из глюкозных цепочек с линейной (амилоза) или разветвленной (амилопектин) структурой. Он представляет собой энергетический запас растений (Castells, P. 2009).

Амилоза является полимером глюкозы, который содержит 1000-4000 единиц этого мономера, и поэтому имеет молекулярный вес 200 000-800 000 далтонов, значение которого варьируется не только в зависимости от вида растения, но и в пределах одного вида и зависит от состояния созревания (Hoseney, 1991, цит. по Espitia, L., 2009).

Каждая единица глюкозы связана со следующей гликозидной связью a-1.4, что определяет расположение восстанавливающей группы глюкозы в позиции 1. Длинная линейная природа амилазы придает ей некоторые уникальные свойства, такие как способность образовывать комплексы с йодом, спиртами или органическими кислотами. При комнатной температуре цепочка молекул глюкозы принимает спиральную конформацию, пропеллеры которой позволяют разместить в ней молекулу йода. Когда амилоза обработана йодом, йод располагается в комплексах амилоза- йод, имеющих черновато-синий цвет (Hoseney, 1991, цитируется Espitia, L., 2009).

Амилопектин - это полисахарид, основные цепи которого представляют собой следы глюкозы, связанные с 1-4, как и в амилозе, и спорадически имеют ветви на 1-6, расположенные через каждые 15-25 линейных единиц глюкозы. Их молекулярный вес очень высок (Bailey and Bailey, 1998, цитируется Espitia, L., 2009).

Крахмал разлагается под действием двух ферментов, a - амилазы и B - амилазы.

Фермент a - амилаза катализирует случайный гидролиз a-1,4 гликозидных связей центральной области амилозной и амилопектиновой цепей, за исключением молекул, близких к разветвлению, получая мальтозу и олигосахариды различных размеров (Crueger and Crueger, 1993, цит. по Espitia, L., 2009).
Фермент *B - амилаза или a - 1,4 - глюкан - мальтогидролазы является экзоэнзимом, который атакует a - 1,4 гликозидных связей на внешней стороне крахмальной цепи, 13 - амилаза отделяет мальтозные единицы от не редуцирующих

концов этого альтернативного гидролиза гликозидных связей (Pedroza, 1999, цитируется Espitia, L., 2009).

Амилазы используются в производстве хлеба путем разложения крахмала в муке на ферментированные сахара для активации дрожжей.

Некоторые амилазы используются в качестве моющих средств для растворения крахмала в некоторых промышленных процессах, таких как производство макарон.

Ферменты амилазы, благодаря своей гидролитической способности, были очень значительны в последние десятилетия в ряде отраслей промышленности, которые увидели лучший способ оптимизировать свои процессы путем применения биотехнологий на основе ферментов (Durango E., 2008).

Такие отрасли, как хлебопекарня, кондитерская, пищевая, текстильная, пивоваренная, бумажная, сахарная и многие другие, увидели в этих белках большие возможности для торговли. Амилазы занимают около 25% ферментного рынка, полностью замещая процессы химического гидролиза в крахмальной промышленности, благодаря термостабильности этого фермента, промышленно сделали так, что амилазы имеют большую применимость в различных процессах (Durango E., 2008).

Из крахмала и использования амилаз можно получить сиропы различного состава и физических свойств, сиропы используются в различных продуктах питания, таких как безалкогольные напитки, конфеты, хлебобулочные изделия, мороженое, соусы, детское питание, консервированные фрукты и консервы (Durango E., 2008).

Из всех применений в промышленном масштабе наиболее эффективным является производство кукурузного сиропа с высоким содержанием фруктозы (HFCS), целью которого является получение материала, обладающего способностью к подслащению, аналогичной сахарозе, из дешевого сырья, такого как кукурузный крахмал (Durango E., 2008).

Производящими источниками а-амилаз являются растения, животные и микроорганизмы, и именно микробные ферменты пользуются наибольшим спросом в промышленном применении (Grupta. R., и др., 2003, цит. по Espinel, E и E. López, 2009).

Традиционно производство а-амилаз осуществляется процессами погружной жидкостной ферментации (ЖЖФ) в связи с большим контролем таких факторов окружающей среды, как температура и рН, однако, твердофазная ферментация (ТФС) представляет собой интересную альтернативу, так как метаболиты концентрированы, а процессы очистки менее затратны (Pandey, A. et al, 2000., Soni, S., 2003, цит. по Espinel, E и E. Лопес, 2009).
Цели

- Для проведения *in vitro* биоанализа с целью обнаружения производства амилазы микрогрибом *Aspergillus fumigatus*.

- Приобрести навыки сборки биопроб *в пробирке*.

- Развивать навыки обращения с лабораторными приборами

- Потенциализация когнитивных и научных навыков.

Материалы, реагенты и оборудование

- *Микрогрибок Aspergillus fumigatus.*
- Эрленмейер
- Дистиллированная вода.
- Картофель Декстроза Агар Культура Медиа (КПК).
- Культурная среда для амилолитиков.
-Алюминиевая бумага.
- Бумага.
- Маскировочная лента.
- Автоклав.
- Камера ламинарного потока.
- Чашки Петри.
- Ручка микрогрибка.
- Луголь
- Инкубатор.

Методика

Подготовка картофеля Декстроза Агар Культура Медиа (КПК)

Объем носителя PDA культуры для каждой чашки Петри составляет 25 мл, поэтому необходимо сделать соответствующие расчеты из колбы Oxoid Potato Dextrose Agar, взвесить количество, добавить его в Erlenmeyer с необходимым объемом дистиллированной воды, накрыть алюминиевой фольгой и усилить бумагой и маскировочной лентой, стерилизовать в автоклаве вместе с
чашки Петри после стерилизации подают культуральную среду в чашках Петри в ламинарной камере потока.

Подготовка культурных средств массовой информации для амилолитиков (МКА)

Объем культурных сред для амилолитики (МКА) для каждой чашки петри составляет 25 мл, поэтому необходимо произвести соответствующие расчеты из г/л состава МКА: растворимый крахмал 10 г, Na2HP04 3 г, MgSCfl 7н2о 0.1 г, Агар - Агар 20 г, и Дистиллированная вода 1000 мл, взвесьте количество, добавьте его в Erlenmeyer с необходимым объемом дистиллированной воды, накройте алюминиевой фольгой и укрепить с бумагой и маскировочной лентой, стерилизовать в автоклаве вместе с чашкой Петри, как только стерилизация закончится служить среде культуры в чашке Петри в ламинарной камере потока.

Активация *Aspergillus fumigatus*

Из штамма *Aspergillus fumigatus* посеять фрагмент микрогрибка в центре чашки Петри с питательной средой PDA и оставить его при комнатной температуре на 7 дней.

биопробы амилазного скрининга

Из чашки Петри с *Аспергиллусом фумигатом* посеять фрагмент в центре чашки Петри с амилолитической культурой (МСА) и оставить его при комнатной температуре на 7 дней, затем добавить к урожаю лугол, через 10 минут наблюдать и измерить линейкой желтый ореол вокруг посевной площадки.

Анкета.

1. Почему при добавлении Луголя вы видите желтый ореол вокруг посевов микрогрибов?

2. Почему при добавлении лугола в амилолитическую культурную среду (АСМ) наблюдается фиолетовый цвет?

3. См. тесты для обнаружения и количественного определения амилаз.

4. См. другие микроорганизмы, используемые для производства амилаз.
Библиография

- Кастельс, П. 2009. Крахмал. Исследования и наука. Номер 396.

- Эшпинель, Е. и Е. Лопес, 2009. Очистка и характеристика а-амилазы из *коммуны Пенициллиума*, полученной в результате твердофазного брожения. Revista Colombiana de Química, vol. 38, no. 2, pp. 191-208 Universidad Nacional de Colombia. Богота.

Ссылки, приведенные в этой статье:

Гупта Р., Гиграс Х., Мохапатра Х., Госвами В., Чаухан Б. Микробные а-амилазы: биотехнологическая перспектива. Биохимическое исследование процессов. 2003: 1599-1616.3.

Пандей А., Сокол К.Р. Новые разработки в области твердого брожения: Ибиопроцессы и продукты. ProcessBiochemistry.2000:1153-1169

Сони С. К., Аршдип К., Гупта Дж. К. Бактериально-амилазная и грибковая глюкоамилазная система на основе твердого брожения и ее пригодность для гидролиза пшеничного крахмала. Биохимия процесса. 2003:185-192.

- Эспиция, Л. 2009. Определение концентрации коммерческих альфа- и бета-амилаз в производстве этанола из ячменя с использованием *Saccharomyces cerevisiae*. Работа в классе. Отделение промышленной микробиологии. Факультет науки. Папский Яверский университет.

Ссылки, приведенные в этой статье:

Бейли, P.S. и С.А., Бейли. 1998. Органическая химия: концепции и приложения. 5-е издание. Прентис Холл Паблишинг. Мексика.

Крюгер В. и А. Крюгер, 1993 год. Биотехнология: Руководство по промышленной микробиологии. Акрибия, Эд.

Хосини, Р., 1991. Принципы науки о злаковых культурах и технологии. Редактирование. Акрибия. Сарагоса, Испания.

- Педроза, 1999. Производство *термостабильной* амилазы из *компании Thermus* sp. Магистерская диссертация. Отделение промышленной микробиологии. Факультет науки. Папский Яверский университет.
Биоанализы биодеградации сырой нефти с помощью

Псевдомонас флюоресцирует.

По: Уго Маурисио Хименес М.

Введение

Pseudomonas fluorescens был открыт Migula в 1895 году, они являются аэробными хеморганотрофными бактериями, их метаболизм основан на окислительно-восстановительных реакциях для получения энергии. Это прямая грамм (-) бацилла от 0.5 до 0.8 вечера. В нем представлена лоофотропная полярная жгутик. Оптимальная температура составляет от 25 °C до 30 °C, хотя есть сообщения о 5 °C и 42 °C. В основном он встречается в ризосфере, но также может быть обнаружен в почве в виде сапрофита и в воде (Бореси, M. 2009).

Она растворяет фосфаты двумя способами: во-первых, путем производства органических кислот, таких как лимонная и щавелевая, которые действуют на pH почвы, растворяя неорганический фосфор и высвобождая фосфаты в почву, во-вторых, путем производства фосфатаз, которые действуют на эфирные связи, высвобождая фосфатные группы из органического вещества почвы (Бореси, M., 2009).

Они вырабатывают гормоны, стимулирующие рост растений, такие как ауксины, гиббереллины и цитокинины, а также стимулируют прорастание семян.

Он разлагает такие загрязнители, как стирол, тротил и полициклические ароматические углеводороды (López, J. et al. 2006).

P. fluorescens использует различные нефтяные подложки, такие как общие углеводороды (ТРН) и полихлорированные дифенилы (PCB), аэробно биодеградированные ароматические углеводороды, такие как нафталин и фенантрен (López, J. et al. 2006).

Ненадлежащее управление опасными отходами привело к возникновению всемирной проблемы загрязнения почвы, воздуха и воды. Одним из наиболее серьезных загрязнений является добыча и переработка сырой нефти в странах-производителях (López, J. et al. 2006).

В Колумбии транспортировка сырой нефти и ее производных в последние 30 лет значительно пострадала от постоянной террористической деятельности в отношении нефтепроводов и объектов, которая привела к бесчисленным взрывам и разливам нефти (López, J. et al. 2006).
Считается, что загрязнение окружающей среды нефтью имеет высокую степень устойчивости и влияет на баланс экосистем. Их хрупкость такова, что природа не имеет возможности легко и быстро биоразлагать нефть. Один литр сырой нефти занимает примерно половину футбольного поля в водной среде (Лозано, N. 2005).

Разложение масла по микробному пути является быстрым и безопасным механизмом для устранения загрязнения. Именно поэтому важно изучить, каким образом микроорганизмы ассимилируют нефтяные соединения и как можно ускорить процесс обеззараживания. Разработаны технологии биовосстановления, при которых микроорганизмы или растения действуют на разложение токсичных соединений (Lozano, N. 2005).

Биоремедиация является "дружественной" альтернативой прогрессирующему ухудшению качества окружающей среды из-за постоянного разлива сырой нефти, загрязняющей почву, воздух и воду, так как эта проблема влияет на здоровье населения, а также на исчезновение флоры и фауны в колумбийских экосистемах (López, J. et al. 2006).

Сырая нефть состоит из углеводородов и небольшого количества серы, азота и кислорода, что затрудняет ее биоразложение. Нефтяные углеводороды имеют от одного до 50 и более атомов углерода и имеют различные молекулярные формы, такие как парафины, нафталины и ароматика (Lozano, N. 2005).

Биоразложение сырой нефти микробным путем является быстрым и безопасным механизмом для устранения загрязнения, для этого используется бактерия *Pseudomonas fluorescens*, которая использует различные подложки нефти, такие как общие углеводороды (ТРН) и полихлорированный дифенил (РСВ) в качестве источника углерода и энергии и аэробно биодеградирует ароматические углеводороды, такие как нафталин и фенантрен, некоторые из этих углеводородов, как метан, состоят из нескольких атомов и являются газообразными при комнатной температуре; другие, как декан, тяжелее и менее изменчивы. При низких температурах некоторые из них газообразные, например, пропан, в то время как другие являются твердыми, например, парафин и асфальт (Lozano, N. 2005).

Практика биовосстановления заключается в использовании микроорганизмов, таких как бактерии и микрогрибы, и растений для нейтрализации токсичных веществ, превращения их в менее токсичные или нетоксичные вещества для окружающей среды и здоровья человека.

Прежде чем проводить программы биоремедиации для почв или водоемов, загрязненных сырой нефтью, важно сначала провести биоанализ биодеградации сырой нефти при
Целью является изучение физиологии, условий выращивания и роста используемых микроорганизмов.

Цели

- Биоразложение сырой нефти в небольших масштабах с использованием бактерии *Pseudomonas flúor escens.*

- Наблюдайте за биодеградацией сырой нефти от бактерий *Pseudomonas fluorescens.*

- Развивать навыки и умения обращения с лабораторным оборудованием и приборами.

- Потенциальные научные навыки.

Материалы, оборудование и реагенты

- нитриловые перчатки
- Лабораторное пальто
- Селективная культура Medium Pseudomonas Agar Base (чашки Петри и пробирки с наклоном).
- Чистая культура *флуоресценов Pseudomonas.*
- Алкогольная зажигалка.
- бактериологическая круглая ручка
- Стерильная дистиллированная вода.
- 500 мл бутылок.
- Минимальная средняя соль (MMS).
- Сырая нефть.

Методика

Подготовка культурных носителей для *активации флуоресцентных флуоресценов Pseudomonas*

Объем средств массовой информации культуры для каждой чашки Петри составляет 25 мл, поэтому необходимо сделать соответствующие расчеты с Оксоидная бутылка Pseudomonas Агар базы, взвесить количество, добавить его в Erlenmeyer с необходимым объемом дистиллированной воды, покрыть алюминиевой фольгой и укрепить с бумагой и маскировочной лентой, стерилизовать в автоклаве вместе с чашкой Петри, как только стерилизация закончится служить культуры средств массовой информации в чашке Петри в ламинарной камере потока.

Из штамма *Pseudomonas fluorescens* сеют его методом изоляции - техника истощения в чашках Петри с селективной культурой Medium Pseudomonas Agar Base (MCSPF) и оставляют в инкубации при 30 °C на 48 часов.

Подготовка *прививочного материала для флуоресцентров Pseudomonas*

Из чашек Петри с посевом при истощении *флуоресценов Pseudomonas* в культуральной среде (MCSPF) посеять его снова (поместить 5 жареных мест) в 100 мл Эрленмейера с 30 мл питательного бульона и оставить в инкубации при 30 °C на 48 часов (это инсективация
Pseudomonas fluorescens).

Биоанализы биодеградации сырой нефти.

В 4 флаконах по 500 мл по 285 мл минимальной соленой среды (ММС) стерильного состава г/л: KH_2PO_4 5 г, NH_4Cl 10 г, Na_2SO_4 20 г, KNO_s 20 г, $CaCl_2$ $6H_2O$ 0,01 г, $MgSO_4$ лг, $FeSO_4$ 0,004 г, Дистиллированная вода: 1000 мл.

Добавьте по 5 мл *флуоресцирующего* раствора *Pseudomonas* в каждый из 3 флаконов. На оставшийся флакон, оставьте его без прививки бактерий, это будет отрицательный контроль. К каждому флакону добавить 15 мл сырой нефти. Накройте каждый флакон стерильной марлей.

Выезжайте при комнатной температуре и каждые 8 дней наблюдайте за истончением слоя сырой нефти, всегда сравнивайте с отрицательным контролем.

Анкета

1. См. научное название 5 других бактерий, используемых в биодеградации сырой нефти.

2. Назовите и опишите 3 аварии морских танкеров, в которых произошли разливы нефти.

3. В Колумбии объясните две причины, по которым происходят разливы сырой нефти в почве и воде.

4. Объяснить разницу между биодеградацией и биовосстановлением сырой нефти.

Библиография

Бореси, М. 2009. *Псевдомонас флюоресцирует.*   Микробиология -   Миссури. http://web.mst.edu/microbio/BI0221 -2009/P_fluorescens html

- MPLM, 2016. Практическое руководство по лабораторной практике в промышленной микробиологии: биохимические исследования
Биоразложение нефти с бактериями   Андский   университет. Кафедра микробиологии. Колумбия.

- Лозано, Н. 2005. Биоремедиация загрязненных нефтью сред. Технология, посмотрите на окружающую среду. Том II, №1. Р. 51-55.

- Лопес, Ж. и др. 2006. Биоремедиация почв, загрязненных нефтяными углеводородами. НОВА. Том 4. № 5. Страницы 82 - 90.

По: Сильвия Р. Гомес Д.

Введение

Плазмиды представляют собой небольшие круглые или линейные молекулы ДНК, способные реплицироваться независимо от центральной хромосомы клетки-хозяина, являются стабильными, находятся в цитоплазме, встречаются в большом количестве экземпляров (полиплазмы) и в процессе, называемом спряжением, передаются между клетками, см. рис. 2 (Madigan, M., *etal2010*).

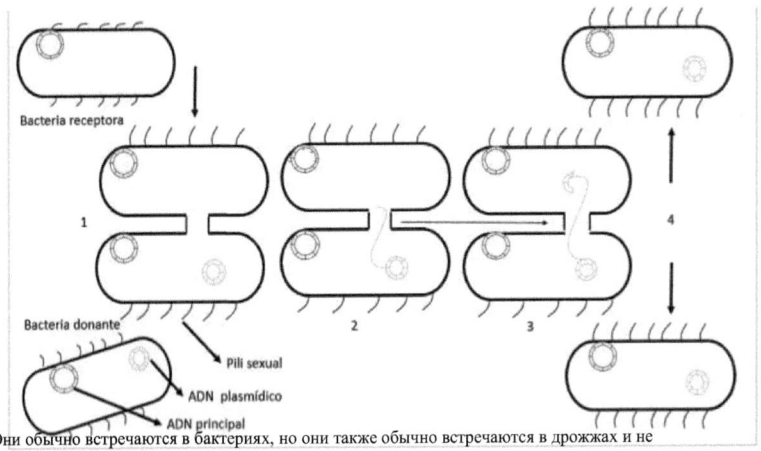

Они обычно встречаются в бактериях, но они также обычно встречаются в дрожжах и не

1: Formación de puente de conjugación. 2 transferencia de una hebra de ADN plasmídico.
3 Síntesis de la hebra complementaria 4.Las bacterias se separan conteniendo el ADN plasmídico

Рисунок 2. Процесс спряжения

Они, как правило, встречаются в бактериях, хотя они также обычно находятся в дрожжах и не являются существенными для клетки. Они содержат ген или гены, которые дают им избирательные или адаптивные преимущества, когда они найдены в организме. В таблице 1 перечислены различные характеристики, предоставленные плазмидами, и примеры бактерий.

Химически ДНК плазмиды представляет собой двойную спираль с правым поворотом (декстрогенная), имеющую снаружи скелет из фосфатов и сахара, а внутри - азотные основания, соединенные водородными мостами (Curtís, H., Bames, N. S. *et al.* 2007).

Плазмиды широко используются в молекулярной биологии в качестве векторов для введения генов, которые после клонирования в них могут быть включены в состав различных организмов. На лабораторном уровне плазмиды легко изолировать, вводить и манипулировать в клетке-хозяине благодаря их небольшому размеру. Феномен, имеющий большое значение как в исследованиях плазмиды, так и в эволюции и экологии, - это несовместимость. Когда плазмида вводится в ячейку, содержащую другую плазмиду, последняя часто не может быть сохранена за счет потери во время процесса репликации ячейки. По этой причине говорят, что они несовместимы. Несовместимость контролируется найденными в них генами, и существует множество несовместимых групп (Madigan, M., *и др.*, 2003).

Таблица 1. Фенотипы, полученные плазмидами в бактериях Такен Мэдиган, М. и др. 2010 г.

тип Фенотипа	Организация
Производство антибиотиков	*Стрептомицы*
Спряжение	*Псевдомонас*
физиологические функции	
Октановая деградация, камфора	*Псевдомонас*
деградация гербицидов	*Alcaligenes*
образование ацетона и бутанола	*Клостридий*
Использование лактозы, мочевины и фиксации азота	энтерические бактерии
Симбиотические азотные узлы и фиксация	*Rhizobium*
Производство пигментов	*Стафилококк*
Сопротивление	

Антибактериальная устойчивость	*Стафилококк*
Устойчивость к кадмию, кобальту, ртути, никелю и/или цинку.	*Псевдомонас*
Бактериоциновая устойчивость (и производство)	*Бацилла*
Virulence	
Вторжение в хост-ячейку	*Salmonella*
Коагулаза, гемолизин, энтеротоксины.	*Бацилла, стафилококк...*
энтеротоксины и К-антиген	*Escherichia*
Опухолеобразование в растениях	*Agrobacterium*

Для выделения ДНК плазмиды из белков, углеводов, липидов и РНК обычно используются одни и те же этапы во всех живых существах: а) гомогенизация образца или концентрация образца; б) лизис клеток; в) удаление загрязняющих молекул; г) осаждение ДНК с некоторыми вариациями физико-химических методов в зависимости от требуемой степени чистоты.

Наиболее широко используемым методом экстракции ДНК плазмиды является щелочной лизис, при котором используются различия в размерах и степени скручивания ДНК плазмиды по отношению к первичной ДНК бактерии. ДНК мастера бактерий - это одна, круглая, крупная молекула, которая не перематывается, в то время как плазмиды - это маленькие молекулы, в большом количестве экземпляров, которые наматываются на спираль или перематываются. Во время процесса извлечения целью является денатурация ДНК, а затем ее ренатурализация. Поскольку плазмиды маленькие и сверхсмешанные, они ренатурализуются быстрее, чем основная ДНК, которая во время ренатурации попадает в ловушку белковых комплексов, делающих ее тяжелой и заставляющих ее выпадать в осадок (Lodish, H. et al 2002; Sambrook J, and Russell DW, 2001).

Цели

- Понять протокол извлечения ДНК из плазмиды.

- Потенциализация когнитивных, социальных и вербальных навыков.

- Развивать навыки обращения с лабораторными приборами
  Материалы

штамм *Pseudomonas fluorescens*
Решение 1: 50mM глюкоза, lОmM ЭДТА, 25Mm и Tris HCl
pH 8.0. Решение 2: 0.2N NaOH, 1%SDS
(свежеприготовленное)
Решение 3: К 60 миль 3M ацетата натрия добавить 11,5 миль ледниковой

уксусной кислоты и 28,5 миль холодной воды.
- этанол 95% и 70%
  Инкубатор
  Микроцентрифуга
  Пищевой бульон с микропипетками
  Эппендорфский стеллаж для труб.
  1,5 мл Трубки Эппендорфа Бумажные полотенца
  1000 pL Микропипеты Голубые наконечники для микропипетов
- Лед

Методика

Для извлечения ДНК плазмиды используется мини-преподавательский метод щелочного лизиса, описанный Sambrook и Расселом (2001):

1.   Ин кубируйте бактерии в жидкой среде Luria Brittany в течение ночи при температуре 37 °C.

2. Возьмите 3 миль предыдущей культуры и центрифугу на 5 минут в 14000 часов вечера и выбросьте супернатант.

3.   Повторно суспендируйте гранулу в 100 pl раствора 1 (50mM глюкозы, IOmM EDTA, 25Mm и Tris HCI pH 8.0) (она должна быть холодной) и инкубируйте в течение 5 минут при комнатной температуре.

4. Добавить 200 таблеток раствора 2 (0.2N NaOH, 1%SDS) (холодного и свежеприготовленного). Хорошо перемешайте путем погружения и инкубируйте в течение 5 минут на льду.

5.   Добавить 150 таблеток раствора 3 (к 60 миль ацетата натрия 3M добавляется 11,5 миль)

49

Ледяная уксусная кислота 28,5 мил. холодной воды) смешать путем погружения и инкубировать в течение 5 минут на льду.

6. Центрифуга на 10 минут, 4 или С, 14000 об/мин. Осторожно переведите супернатант в другую трубку.

7.   Добавьте 95% этанола в супернатант и инкубируйте в течение 3 минут при комнатной температуре.

8. Центрифуга на 30 минут и сбросьте супернатант. Добавьте 70% этанола и центрифугу на 30 минут, 4 °C, 14000 об./мин.

9.   Наконец, гранулят повторно подвешивается в 50 pl TE (10 мМ Tris HC1 pH 8,0 и 1 мМ EDTA pH 8,0), хранится при температуре -20 °C до использования.

Анкета

1. Объяснить функции каждого из компонентов, которые являются частью решения?

2. Какое влияние оказывает раствор 2 на процедуру извлечения ДНК?

3. Какова цель решения 3 в процедуре?

4. Объясните, почему этанол добавляется при 100% и 70% холодном?

Библиография

- Куртис, Эйч и Барнс, Н. Сью. 2000. Биология. Panamerican Medical Ed. 6-е издание. Мадрид Испания.

- Лодиш, Х., Берк, Эл, Зипурски, С. Л., Мацудайра, П., Балтимор, Д. Дамелл, Д. (2002). Клеточная и молекулярная биология (четвертое издание). Редакция "Медика Панамерикана". Мадрид, Испания.

- Мадиган, М., Мартинко, Дж., Паркер, Брок Дж. (2010) Брок, Биология микроорганизмов. 10-е издание. Прентис Холл.

- Самбрук Джей, и Рассел ДУ, (2001) Молекулярное клонирование: Лабораторное руководство, 3-е издание, Лабораторная пресса Кид Спринг Харбор, Нью-Йорк.

Антагонистический потенциал *Trichoderma harzianum*

По: Уго Маурисио Хименес М.

Введение

В связи с высоким использованием агрохимикатов для борьбы с вредителями и сорняками, окружающая среда становится достаточно загрязненной, так как эти химические вещества являются ксенобиотическими соединениями, т.е. синтезируются человеком, и их деградация в окружающей среде может продолжаться до 500 лет.

По этой причине важно разработать другие альтернативы, такие как биологическая борьба с фитопатогенами и вредителями, поскольку в силу своего биологического происхождения она не изменяет экосистему, легко поддается управлению и не требует больших затрат, что сегодня стало эффективной стратегией борьбы.

Биологический контроль - это метод борьбы с вредителями, болезнями и сорняками путем использования живых организмов для борьбы с популяциями патогенных микроорганизмов растений.

Биологический контроль, когда он работает, имеет много преимуществ, среди которых

- Мало или вообще никаких вредных побочных эффектов для других организмов, включая человека.
- Устойчивость вредителей к биологическому контролю очень редка.
- Биологический контроль часто носит долгосрочный и постоянный характер.
- Существенно исключена обработка инсектицидами.
- Соотношение затрат и выгод является очень благоприятным.
- Избегает вторичных вредителей.
- Нет проблем с интоксикацией.

С экономической точки зрения, эффективным природным врагом (биологическим контролером) является тот, который регулирует плотность популяции вредителя и держит ее на уровне ниже экономического порога, установленного для данной культуры.

Несмотря на то, что большое разнообразие природных видов-врагов использовалось в большом количестве программ биологического контроля, виды, доказавшие свою эффективность, имеют определенные общие характеристики, которые должны учитываться при планировании и проведении новых программ, таких как

- Приспосабливаемость к изменениям физических условий окружающей среды
- Высокая степень специфичности для данной цели (вредный организм, подлежащий контролю).
- Высокая способность роста популяции по отношению к целевой группе

(вредный организм, подлежащий контролю).

- Синхронизация с фенологией мишени (вредный организм, подлежащий контролю) и способностью выживать в периоды, когда мишень (вредный организм, подлежащий контролю) отсутствует.
- Способен модифицировать свое действие в зависимости от собственной плотности и плотности мишени (вредного организма, подлежащего контролю).

Прежде чем проводить полевые испытания биологического контроля, исследования *in vitro* биологических контроллеров с целевыми организмами являются приоритетными для анализа их антагонистического эффекта и предсказания того, как они будут действовать при использовании.

Биопробы *in vitro* позволяют наблюдать за благотворным или антагонистическим воздействием химического или биологического фактора на рост организма. Эти биопробы проводятся в микробиологической лаборатории в контролируемых условиях, а результаты получаются в короткие сроки.

Trichoderma harzianum был охарактеризован как хороший регулятор фитопатогенных микрогрибов, таких как *Verticillium albo - atrum, Rhizoctonia solani, Sclerotium cepivorum* и *Fusarium oxysporum* и т.д. Он широко используется в сельскохозяйственной биотехнологии для оптимального роста в крупномасштабном производстве и его легкого применения в полевых условиях.

Trichoderma harzianum - это микрогриб *Phylum Ascomycota,* который представляет собой очень разнообразную группу и встречается в различных средах, таких как почва, соленая вода, пресная вода, и во всех климатических зонах, представляет собой экологическое применение в качестве сапрофитов и болезнетворных микроорганизмов растений и животных. Эти микрогрибы представляют собой половую фазу, известную как теломорф, вследствие образования аскоспор и асексуальную фазу, известную как анаморф, вследствие образования конидий.

Эти микрогрибы асексуальной фазы легко культивируются *in vitro* и быстро растут в жидких или твердых культурах, поэтому они широко используются в биотехнологиях для их оптимального роста в биопроцессах.

Trichoderma harzianum характеризуется как асексуально-фазовый микрогрибок за счет образования крестообразного фиалидного и травянисто-зеленого конидий и его обильного роста.

Цели

- Для проведения тестов на антагонизм против фитопатогенов *Verticillium albo - atrum* и *Sclerotium cepivorum* используется микрогрибок *Trichoderma harzianum.*

- Приобрести навыки сборки тестов на антагонизм в *пробирке.*
- Развивать навыки обращения с лабораторными приборами

- Потенциальные научные навыки.

Материалы, реагенты и оборудование

- Микрогрибы *Trichoderma harzianum, Verticillium albo - atrum* and *Sclerotium cepivorum*
- Чашки Петри.
- Ручка микрогрибка.
- Эрленмейер
- Картофель Декстроза Агар Культура Медиа (КПК).
- Дистиллированная вода.
- Автоклав.
- Камера ламинарного потока.
- Инкубатор.

Методика

Подготовка картофеля Декстроза Агар Культура Медиа (КПК)

Объем средств массовой информации PDA культуры для каждой чашки Петри составляет 25 мл, поэтому необходимо сделать расчеты из колбы Oxoid Картофель Декстроза Агар, взвесить количество, добавить его в Erlenmeyer с необходимым объемом дистиллированной воды, покрыть алюминиевой фольгой и укрепить с бумагой и маскировочной лентой, стерилизовать в автоклаве вместе с чашкой Петри, как только стерилизация закончится служить культуры средств массовой информации в чашке Петри в ламинарной камере потока.

Испытания на антагонизм

1. В чашках Петри с культурой декстрозного агара (PDA) посеять фрагмент *Trichoderma harzianum* с грибной ручкой и противопоставить его тестовому микрогрибку для посева *Verticillium albo - atrum* и *Sclerotium cepivorum* соответственно, как показано на рис. 3.

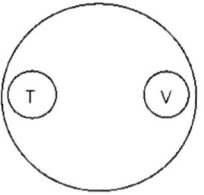 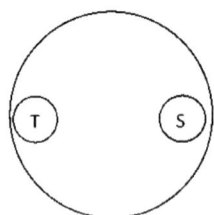

Рисунок 3 Схема засева, T: *Trichoderma harzianum,* V: *Verticillium albo - atrum,* **C: S:** *Sclerotium cepivorum.*

2. Оставьте для инкубации при температуре 25 °C на 9 дней.

3. **Измерение мицелиального индекса** После посадки микрогрибов каждые 3 дня проводится измерение мицелиального роста, соответствующего каждому антагонистическому тесту *in vitro*. Для измерения мицелиального индекса мы использовали уравнение, предложенное Пересом и взятое из (Bonilla, 2005), (**(МВ-МА)/МВ)*100%**), где МА влияет на рост мицелия, а МБ - на свободный рост мицелия (см. Рисунок 4).

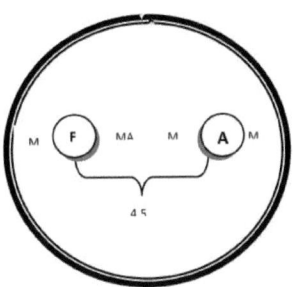

Рисунок 4. Диаграмма квалификационного испытания, где FP - фитопатогенный микрогрибок, А - *T. harzianum.* МА влияет на рост, МБ - на свободный рост. Взято из (Бонилья, 2005).

4. Наблюдать за колониями, рассчитать мицелиальный индекс колоний микрогрибов *Trichoderma harzianum, Verticillium albo - atrum* и *Sclerotium cepivorum.*

5. Также следите за постройками между колониями.
6. Заключить то, что было замечено.

Анкета

1. См. другие тесты *in vitro* на антагонизм между контрольными микрогрибами и микрогрибами и/или фитопатогенными бактериями.

2. См. испытания *in vivo* на антагонизм между контрольными микрогрибами и микрогрибами и/или фитопатогенными бактериями.

3. См. другие виды микрогрибов, используемые для биологического контроля.

4. См. виды бактерий, используемых в биологическом контроле.

Библиография

- Бонилья, А. 2005. Адаптивные стратегии в отношении растений парамо и леса Хай-Анд в восточной части Кордильеры в Колумбии. Богота. Национальный университет Колумбии, факультет науки.

- Кайседо, В., 2014. Оценка антагонистического эффекта *Trichoderma harzianum* против микрогрибов и фитопатогенных бактерий из лаборатории биотехнологии Cepario - UPN. Работа в бакалавриате. Отдел. Биология. Национальный педагогический университет. Колумбия.

- Хименес, Х.М., 2007. Лабораторные руководства по агромикробиологии. Университет Памплоны. Факультет фундаментальных наук. Кафедра микробиологии. Колумбия.

Киберграфия

- Биологический контроль:
https://www.ecured.cu/Control_biologico Дата рассмотрения: 14 мая 2019 года.

Биоудобрения для улучшения роста и развития сои.

По: Сильвия Гомес Даза.

Введение

Для роста и развития растениям необходимы питательные вещества из воздуха и почвы; чем богаче почва, тем лучше они будут расти и давать более высокие урожаи. Однако, если только одного из необходимых питательных веществ не хватает, то их рост и производство снижаются. Следовательно, в сельском хозяйстве удобрения используются для обеспечения сельскохозяйственных культур питательными веществами с целью повышения производительности.

Удобрение - это химическая, органическая или биологическая смесь, используемая для обогащения почвы питательными веществами и содействия росту растений. Для того чтобы продукт считался удобрением, необходимо, чтобы он был растворим и химически доступен для растения, так как из 18 питательных элементов, считающихся незаменимыми для растений, 15 из них берутся в раствор в виде ионов. Химическая форма, в которой растение поглощает все необходимые для его правильного развития питательные вещества, одинакова независимо от происхождения.

Химические удобрения - это неорганические продукты, получаемые в результате химических процессов, разрабатываемые в лабораториях или на заводах, и не очень дружественные к окружающей среде; органические удобрения - это продукты, получаемые в результате разложения остатков мертвых растительных и животных материалов, а биологические или биоудобрения - это продукты, созданные на основе полезных микроорганизмов в почве, особенно бактерий и/или грибов, которые могут жить в ассоциации или симбиозе с растениями и естественным образом способствовать их питанию и росту, помимо того, что они являются улучшителями состояния почвы.

В рамках биоудобрений существуют различные типы: те, которые производят факторы роста, фосфорные коллекторы и солюбилизаторы, азотные фиксаторы. Микроорганизмы, способствующие вегетативному развитию, - это те, которые в процессе своей метаболической активности вырабатывают и выделяют для растения вещества, регулирующие рост (ауксины, цитокинины и этилен), например, *Trichoderma harzianum, Enterobacter aerogenes, Azotobacter sp u Bacillus mycoides* (González, H. и Fuentes, N. 2017).

Фосфорные коллекторы обладают способностью увеличивать площадь захвата и поглощения питательных веществ, главным образом фосфора, через корни растений (микориза). Микоризы являются симбиотическими или взаимовлиятельными ассоциациями корней растений и грибов, которые позволяют увеличить скорость поглощения фосфора (P) и других питательных веществ, таких как азот (N), железо (Fe) и медь (Cu). Существует два вида микоризов: эктомикоризы и эндомикоризы. В эктомикоризах клетки гриба образуют большой

56

Размеры, с небольшим проникновением гифов в корневую ткань и эндомикориза встречаются в основном в лесообразующих деревьях, особенно хвойных, буках и дубах, и более развиты в бореальных и умеренных лесах (Madigan и др., 2010).

К организмам, участвующим в трансформации фосфора (фосфорсодержащие растворители) в почве, относятся бактерии, грибки, хромиста, простейшие и некоторые нематоды. В целом, почвенные микроорганизмы активизируют цикл P через процессы минерализации, иммобилизации и солюбилизации, которые связаны с их питательным метаболизмом. Используются следующие механизмы: производство органических кислот, производство протонов (обычно связанных с ассимиляцией $NH4+$ и/или респираторными процессами), производство неорганических кислот и C02- В пределах родов микроорганизмов, используемых для солюбилизации, являются: *Pseudomonas putida, Micrococcus, Bacillus subtilis, Aspergillus niger,* среди прочих (Patiño C. и Sanclemente O. 2014).

Микроорганизмы, фиксирующие азот (N), обладают способностью преобразовывать атмосферный азот в аммоний и, таким образом, снабжать им сельскохозяйственные культуры. Этот процесс происходит посредством симбиоза растений и бактерий. Одним из наиболее интересных и важных взаимодействий является взаимодействие бактерий рода *Rhizobium и Bradyrhizobium* с бобовыми (соевыми бобами, фасолью, клевером, люцерновым горошком и т.д.). Бактерии индуцируют образование узелков в корнях, внутри которых происходит процесс N-фиксации. При нормальных условиях, если растение или бактерии не являются единственными, процесс не происходит, необходимо их объединение. Растение является органическим источником энергии, необходимой корневой конкреционной бактерии, а бактерия - фиксированным азотом для развития растения. Таким образом, растения с узелками на корнях могут расти в азотной среде, в которой другие не могут поверить. В полевых условиях *Rhizobium* способен фиксировать N только в контролируемых условиях микроаэрофильного кислорода, внутри конкреции количество этого соединения контролируется богемоглобином, который служит "буфером кислорода" путем связывания с ним; образование этого белка индуцируется симбиотическим взаимодействием этих двух организмов (Madigan и др., 2010).

При симбиозе растение обладает генетической информацией для симбиотической инфекции и узелков; роль бактерий заключается в том, чтобы запустить этот процесс. Этапы развития инфекции и конкреций включают: а) химиотерапевтическое притяжение бактерий к растению; б) бактериальную фиксацию к волоскам корня; в) инвазию волосков корня путем образования бактериальной цепи; г) развитие бактерий в корневые клетки; д) образование бактерий внутри клеток растения и развитие азотфиксирующего состояния; е) непрерывное деление клеток растения и бактерий, а также образование зрелых корней (Madigan и др., 2010).

Помимо бобовых-ризобических отношений, между нелегуминовыми растениями и другими микроорганизмами происходит симбиоз, связывающий азот. У водяного папоротника (*Азолла*) есть
характерный для цианобактерий в водоемах, особенно в Анабене.   и таким образом фиксирует атмосферный азот. эти цианобактерии
обладает способностью фиксировать атмосферный азот, достигая 1200 кг

фиксированного азота на гектар в год при оптимальных условиях температуры, почвенного и химического состава почвы и воды. По этой причине считается, что *"Азолла-Анабаена"* может быть очень важным природным источником азота в сельском хозяйстве и используется для выращивания риса и кукурузы (Montaño M. 2005 и Aldás J., и др. 2016).

Цели

- Проанализировать влияние удобрений на развитие сои.

- Потенциализация когнитивных и научных навыков.

- Понимать важность биоудобрений.

- Развивать процедурные навыки.

Материалы

- Соя (3-5 за лечение)
- Хлопок
- Вода
- Четыре контейнера с почвой, по одному на каждую обработку.
    - Обработка 1: контроль (только вода)
    - Обработка 2: химическое удобрение
    - Лечение 3: биологическое удобрение   :   биоудобрение
        (Ризобиол
        https://repository.agrosavia.co/handle/20.500.12324/20746)
    - Обработка 4: органическое удобрение (смесь яичной скорлупы, кофейных зерен и куриного навоза)

Методика

1. Возьмите 3-5 семян на обработку.

2. В зависимости от лечения выполните следующую процедуру:

    2.1 Для первой обработки добавляйте воду только тогда, когда почва почти

    высохла.

    2.2 Для второй обработки, которая является химическим удобрением,

    добавьте его, когда растение
        имеют 4 настоящих листьев и добавляют воду, когда почва почти высохла.

    2.3 Для третьей обработки, которая заключается в биоудобрении (Rhizobiol), которое является
        в жидком виде на основе симбиотических бактерий,

фиксирующих азот, специфических для выращивания сои, сделать следующее: поместить содержимое биоудобрения в чистую емкость и добавить семена, затем перемешать до тех пор, пока все семена не будут хорошо покрыты продуктом. Тогда дайте ему высохнуть в тени. Наконец-то посеять семена непосредственно в землю.

2.4 Для четвертой обработки, которая является органическим удобрением, добавьте его, когда растение

иметь 2 настоящих листьев и добавлять воду, когда почва почти высохла.

ПРИМЕЧАНИЕ: При обработке 1, 2 и 4 сначала поместите семена, чтобы они прорастали во влажный хлопок, а затем засеяйте их в землю.

3. Проводить каждую неделю в течение двух с половиной месяцев после каждого лечения; составить отчет, который будет включать следующую таблицу по каждому лечению:

Лечение (tto)	Неделя			
Умение наблюдать и описывать	Количество листов	Описание стема	Цвет листьев	Размер и толщина стержня.
Семена с водой (tto 1)				
Семена с химическим удобрением (tto 2)				
Семена с биоудобрением: *Ризобиол* (tto -•3)				
Семена с органическим удобрением (tto -4)				

Анкета

1. Напишите в двух абзацах, к каким выводам вы можете прийти с полученными результатами.

2. Сравните ваши результаты с результатами ваших коллег и в двух параграфах прокомментируйте, какие выводы вы можете сделать и объясните, почему.

3. Составьте концептуальную карту с тематикой удобрений.

4. Объяснить важность использования биоудобрений.

Библиография

- Гонсалес, EL; Фуэнтес, N. (2017). механизм действия пяти микроорганизмов
промоутеры   роста растений   . Преподобный
        Сьенье. Agr. 34(1): 17-31.   дой:
http://dx.d0i. 0rg/ 0.22267/rcia. 173401.60.

- Мэдиган, М., Мартинко, Джей, Паркер,Брок Джей   . (2010) Брок, биология
микроорганизмы. 10 выпуск. Прентис Холл.

- Монтаньо М. (2005 год) Исследование по применению *"Азолла Анабена"* в
качестве биоудобрения при выращивании риса на побережье Эквадора.
Rev. Tecnol.l8(l): 147-51

- Альдас Х., З. Х., Крус Э., Вилласис Л., Помбоза П., Леон О. (2016) Эффект
биоудобрений Азолла - Анабена в кукурузе *(Zea mays* L.) Эффект
удобрений Азолла - Анабена в кукурузе (Zea mays L.) *JSelva Andina Biosph.*
4 (2): 109-115.

- Патиньо, К. и Санклементе, О. (2014). *Микроорганизмы, растворяющие фосфор
(MSF):*
биотехнологическая альтернатива для устойчивого сельского хозяйства.
Журнал: Энтрамадо. Йол. N°2. UniversidadLibredeColombia . Восстановленная   :
http://www.redalyc.org/pdf/2654/265433711018.pdf

- *Ризобиол https://repository.agrosavia.co/handle/20.500.12324/20746*

Printed by Books on Demand GmbH, Norderstedt / Germany